养殖致富攻略·疑难问题精解

高效精准养奶山羊

GAOXIAO JINGZHUN
YANG NAISHANYANG
230 WEN

罗 军 史怀平 石恒波 席功科 主编

中国农业出版社
北 京

我国奶山羊饲养历史悠久，现代奶山羊养殖已有近百年的历史，是我国奶业生产的重要组成部分。奶山羊生产投入低、风险小、见效快；奶山羊易饲养、繁殖快、抗病力强；羊奶营养好、保健康、抗过敏。奶山羊适应性强，可在我国大部分地区饲养，深受群众喜爱。近年来，我国奶山羊持续发展，为养殖户创造了可观的经济效益，成为部分地区的畜牧支柱产业，且已形成陕西、山东两大传统奶山羊产区，以及辽宁、河北、广东、河南、山西、内蒙古、云南等新产区奶山羊快速发展的格局，全国奶山羊生产呈现良好的发展势头，种羊市场和羊奶产品市场前景看好。但目前奶山羊生产中存在的良种羊数量少、覆盖率低、养殖水平低、生产性能得不到充分发挥等问题仍有待解决。

为了普及奶山羊科学知识，增加养殖效益，增强羊奶的市场竞争力，笔者结合多年从事教学、科研和推广工作，在总结群众养殖奶山羊实践经验的基础上，以问答形式编写了通俗易懂、可操作性强的《高效精准养奶山羊

230问》，系统介绍了奶山羊业概况、奶山羊生物学特性及其组织器官特点、羊场建设及设施、奶山羊品种及选育、奶山羊营养需要、奶山羊常见饲料及调制、各类奶山羊的饲养管理、奶山羊繁殖技术、奶山羊日常饲养管理技术、奶山羊防疫及常见病防治、山羊奶及其产品加工等内容，可供基层畜牧兽医科技人员和奶山羊养殖户参考。

　　本书涉及内容多，加之编者水平有限，错误遗漏在所难免，敬请广大读者批评指正。

目录
CONTENTS

一、奶山羊业概况

1 我国奶山羊饲养数量有多少？主要分布在哪些区域？

近年来，我国奶山羊的饲养数量持续增长。2017 年奶山羊总数近 1 500 万只，是世界上饲养奶山羊数量最多的国家之一；羊奶总产量约 200 万吨，占我国鲜奶总量的 4% 左右。奶山羊主要分布于陕西、山东、河南、河北、山西、云南、贵州、福建、广东、辽宁、黑龙江、内蒙古等 20 多个省（自治区），高产奶山羊品种主要来源于陕西省和山东省。目前，我国南方省区奶山羊的饲养数量增长速度较快，羊奶新产品种类不断增加，奶山羊发展前景广阔。

2 养殖奶山羊有何好处？

（1）提供鲜羊奶　羊奶营养丰富，消化率高，富含人体所需的多种蛋白质、维生素和矿物质，特别适宜婴幼儿、病人及老人食用。

（2）提供羊肉　羊肉味道鲜美，品质细嫩，含蛋白质 14%、含脂肪 13%，特别是胆固醇含量是猪肉、牛肉的 1/2，并含有多种氨基酸，是肉食中的上品。

（3）提供肥料　羊粪中氮、磷、钾含量齐全，对改善土壤、促进植物生长有特殊功效，特别适宜为蔬菜和瓜果提供肥料。

（4）提供工业原料　奶山羊的皮、骨、内脏是制革、制药、化学工业的重要原料。

（5）养殖经济效益显著　奶山羊是草食家畜，对饲草的要求不高，饲养设施简单，而且饲养时占地面积小，经济效益显著。

3 我国为什么要发展奶山羊产业？

（1）发展奶山羊产业符合我国基本国情　我国人多，地缺，粮少，水资源不足，生态环境脆弱。人均奶消费水平与世界水平相差3倍以上（36千克/100千克）；在人均奶占有量中，山羊奶的比例为3%～5%，产品供不应求。奶山羊属节粮、节水、环保型的优质高产奶畜，我国牧草资源丰富，可满足奶山羊对饲草的需求，饲养潜力很大。

（2）发展奶山羊产业符合中国人的遗传特征　由于大多数中国人体内缺乏调控分泌乳糖酶的基因，因此饮用牛奶会出现乳糖不耐症，但饮用山羊奶却会出现类似症状。

（3）发展奶山羊产业符合我国的奶业发展战略　从当前看，山羊奶是我国的特色奶源和补充奶源；从长远来看，山羊奶将在提高我国人均奶占有水平方面发挥生力军的作用，潜在发展水平巨大。

4 我国发展奶山羊业有何优势？

（1）生态优势　奶山羊最适宜在干旱和半干旱的生态条件下饲养，而我国有一半的地方属于干旱和半干旱地区，是发展奶山羊的适宜区。我国南方也可通过创造局部干燥小环境，推广高床养羊的饲养方式来发展奶山羊产业。

（2）良种优势　中国先后选育出"西农萨能奶山羊""关中奶山羊""崂山奶山羊""文登奶山羊"等优良群体及品种，基本可满足中国发展奶山羊的良种需求。

（3）市场优势　山羊奶既可适宜于婴幼儿和中老年人饮用，也可为在校学生提供优质的蛋白质营养，消费群体广泛。加之近年来羊奶产品逐渐得到消费者的认可，因此山羊奶的需求不断增加，市场潜在价值超过100亿元。

（4）数量优势　目前，我国奶山羊存栏量近1 500万只，数量优势明显；但进行山羊奶商品性开发的奶山羊占比在 40% 左右，开发潜力很大。

（5）饲草优势　中国玉米作物种植面积大，玉米秸秆资源利用 1/10 就可满足 1 亿只奶山羊对青粗饲料的需求。除此之外，其他牧草资源也非常丰富，可满足日益增长的奶山羊数量对青粗饲料的需求。

5　我国奶山羊产业主要存在哪些问题？

奶山羊产业发展涉及良种繁育体系建设、良种场建设、良种登记注册、繁育技术推广、羊奶质量检测、羊奶产品加工、市场开拓和技术服务等多个方面。近年来社会主义市场经济改革的深化和奶山羊生产经营方式的变革，使得现有奶山羊产业体系的薄弱环节和矛盾性日趋明显，难以适应现代产业体系建设的需要，主要存在以下问题：

（1）良种繁育体系建设认识不足　在长期的奶山羊推广过程中，养殖户对良种繁育体系建设认识不足；羊奶加工企业对产业发展体系建设认识不到位，投入少，因此严重制约了良种繁育体系建设的进程。20 世纪 90 年代，农业管理体制改革对不适应市场经济要求的县乡级畜牧兽医站等机构的冲击较大，原来的推广和技术服务体系受到影响，推广网络线断人散，对技术人员的培训受到了制约，他们不能及时掌握先进的繁育技术，缺乏为养殖户提供必要技术的本领。

（2）种质资源水平相对差　我国奶山羊的存栏数虽多，但平均生产性能差，种羊数量少，良种覆盖率低。我国奶山羊个体的奶产量居世界第 37 位，泌乳期平均单产 183.7 千克，与国际上奶山羊发展较好的国家差距很大，奶山羊主产区半数以上的中低产奶山羊品种亟待改良。然而近些年，我国对奶山羊的选育投入力度小，工作不到位，良种繁育体系未能发挥应有的作用，导致奶山羊品质下降，奶山羊生产基地县良种羊的数量减少。因此，提高奶山羊良种覆盖率将是今后相当一段时期奶山羊养殖的主要任务。

（3）规模化养殖处于初级阶段 我国对奶山羊的规模化养殖重视程度不够，扶持政策不到位，无奶山羊产业体系，缺乏高层规划及指导，养殖水平不高。目前，奶山羊产区简单、传统的养殖模式依然是主流，规模小的分散型养殖户占70%以上。因此，奶山羊养殖正处于由分散养殖向规模化养殖的过渡时期，饲养管理技术不健全，养殖水平低，其中存在的许多技术问题没有得到完全解决，养殖环境需要进一步改进提高。

（4）机械化挤奶尚未全面推广 当前，尽管机械挤奶推广范围进一步加大，但是由于绝大多数奶山羊的养殖规模小，加之个体产奶量不高，群体日产奶量过低，因此机械挤奶无法得到大范围使用，很多个体户或者小规模养殖场仍采用污染系数较大的手工挤奶方式。另外，推广机械挤奶过程应更加重视挤奶机的调试维修和卫生管理，以免引起奶山羊乳房炎和造成羊奶污染，影响羊奶质量。

（5）羊奶产品市场占比低 我国目前的主要羊奶产品仍以奶粉为主，酸奶、液态奶和奶酪等产品的开发速度相对滞后。其中1/3的羊奶用来生产奶制品，而90%的奶制品是奶粉，主要包括婴幼儿奶粉、配方奶粉及食品工业用奶粉等。除了羊奶粉外，一些企业已研制和生产了一些液态羊奶制品。现阶段羊奶制品占中国奶制品市场份额的3%～5%，液态奶占仅占市场规模的0.1%。

（6）羊奶产品宣传力度不足 目前，我国羊奶粉产业规模小，品牌杂，生产环境较差；整个羊奶粉产品的标准不够明确，消费者对羊奶粉的认知度低，生产型企业的宣传力不足；羊奶产品的消费市场十分有限，有关羊奶的广告宣传少，信誉好、营销能力强的代理商和经销商寥寥无几，消费者无法全面了解羊奶的营养特性和市场情况。羊奶粉成分与母乳最接近的普及教育，以及羊奶酪等高附加值的消费引导需要一个较长的过程。

6 为什么陕西省奶山羊产业发展形势良好？

陕西省是我国奶山羊的主产区，奶山羊饲养数量及产业发展地位居全国首位。陕西省政府长期以来重视奶山羊产业的发展，通过项目支持来调动养殖户及羊奶企业的积极性，奶山羊产业发展形势良好，其优势表现在以下方面。

（1）品种优势 具有全国驰名的西农萨能羊和关中奶山羊两大优良品种。西农萨能羊产奶量高，成年母羊体重 60 千克，300 天的总产奶量在 800 千克以上，平均产羔率 208％；关中奶山羊成年母羊体重 50 千克，300 天的总产奶量平均为 600～700 千克，平均产羔率 184％。

（2）饲料优势 广大农区有大量的农作物秸秆，渭北果业带、黄土丘沟区退耕地均能种植优质豆科和禾本科牧草，这些丰富的饲料资源可适应奶山羊发展的步伐。仅渭北果业带的 30 个苹果基地县，苹果种植面积就达 710 多万亩*，年产果渣 200 万吨。仅苹果叶和果渣，就可使该地区奶山羊的饲养量增加百万只。

（3）科技优势 地处陕西省的西北农林科技大学设有全国唯一的、农业部批准成立的奶山羊研究室，从事奶山羊育种、营养、饲养管理技术等方面的研究。并与美国山羊研究所、荷兰奶业培训中心、国际山羊学会等国外奶业研究机构建立了长期的合作研究关系，在奶山羊科技推广中发挥了重要的推动作用。

（4）加工优势 陕西省现有羊奶加工企业 30 多家，主要分布在奶山羊饲养量集中的县区和陇海铁路沿线。随着羊奶市场的迅速扩大，多家企业已经开发出了功能性羊奶制品。另外，如飞鹤乳业有限公司等著名企业，也在陕西设点并发展奶源基地，这对奶山羊产业的发展起到了巨大的推动作用。

（5）政策优势 2018 年陕西省将奶山羊产业列为农业重点发展产业，作出培育千亿级奶山羊全产业链的决策部署，以发挥资源优势，全力推进奶山羊产业发展。

 我国如何发展奶山羊产业？

（1）基于奶山羊生产和农村资源现状，我国将奶山羊生产列入

---

* 亩为非法定计量单位，1 亩≈666.67 米²。

国家奶业发展规划，将奶山羊开发技术研究与示范推广列入国家科技发展规划，从政策上予以扶持。政府部门要重视奶山羊生产，加强对奶类特别是羊奶的宣传力度，在重点地区建立示范点，加强宏观指导，完善技术培训和服务体系建设等，示范推广先进技术，促进我国奶山羊快速发展。

（2）将奶山羊生产与脱贫攻坚有机融合，利用精准扶贫的各项扶持政策支持贫困地区农民发展奶山羊养殖，通过技术跟踪、增值分成、滚动发展等创新帮扶形式。由规模化羊场、乳品厂等建立养殖小区挤奶站，通过与贫困户密切合作，来带动贫困户发展奶山羊养殖，增加贫困户收入。

（3）加强良种繁育体系建设，继续加大改良力度。依托奶山羊种羊场，引种国外萨能奶山羊进行血液更新或输入，在奶山羊产区建立品种核心群和奶山羊后裔测定站，选留品质良好的种羊，大幅度提高各地奶山羊的品种质量。

（4）发展适度规模化奶山羊养殖基地及高端羊奶加工企业，按照名优产品的工艺技术要求进行生产，提高产品质量，拓展国内国际市场。以乳品加工企业为主体，按照循环经济的理念，建立区域化、集约化、现代化的适度规模化奶山羊养殖小区。扩大饲养规模，坚持分散饲养和集中饲养相结合、坚持标准化饲养，采用机器挤奶，提倡干物质计价，防止掺杂使假，保证原料奶的质量安全。在奶山羊养殖小区内实行统一防疫、统一配种、统一饲养、统一挤奶的"四统一"管理制度，规范奶山羊生产管理的各个环节。

（5）依靠科技进步提高经济效益，如在奶山羊生产中应用同期发情、超数排卵、胚胎移植、红外线测温诊断乳房炎和全混合日粮等技术，提高经济效益。同时，加强科学研究，不断提高奶山羊的品种质量和饲养管理水平，增加奶山羊生产的技术含量和科技成果贮备。

（6）充分发挥协会作用，加强行业内部管理，做好奶源、奶品质量、种羊质量等工作；并为奶山羊饲养户和加工企业提供技术培训等服务，加强养羊户和企业自律，防止无序竞争。

8 奶山羊养殖模式有几种类型？

目前，奶山羊常见的养殖模式主要有 5 种，即公司养殖模式、养殖小区模式、专业合作社养殖模式、家庭牧场养殖模式和农户饲养模式。

（1）公司养殖模式 乳业公司投资建设，属乳品加工企业自建牧场，一般总占地 100 亩以上，建设现代化羊舍数栋，羊舍面积 5 000 米² 以上，运动场 10 000 米² 以上，干草库 2 000 米² 以上，青贮塔、青贮窖装料能力 1 000 吨以上，全自动化挤奶厅 1 座，并配套兽医室、配种室等。养殖场远离村庄和工业污染区，种植牧草，繁育良种奶山羊，生产有机鲜奶。各羊舍之间通过绿化带隔离，形成羊在草中、草在场中、场在林中的优美环境。按照全产业链生产计划，同时配套饲料配送中心、粪污处理中心。各功能区布局科学，规划合理。

该模式养殖场采用高床饲养、颈枷控位、机械化挤奶、自动饮水、机械清粪、视频监控等先进生产工艺，实行分户承包、分户贮草、单元喂养、独立经营、单独核算的运行方式。

（2）养殖小区模式 养殖场小区通过村有资本人员出资建设。养殖场一般占地 20 亩以上，设计存栏 500 只以上，养殖场分为生活区、生产区、辅助生产区、隔离区和粪污处理区。建成现代化半开放式羊舍若干栋 2 000 米² 以上、青贮窖 500 米³ 以上、现代化挤奶站 1 座，并配套消毒室、隔离舍、干草棚等生产设施。羊舍内通风设施与保温设施良好，设计规划先进，全方位视频监控，经营管理科学。一是采用大型运动场，实现了羊只的自由活动；二是采用宽饲喂通道，实现了机械化饲喂；三是采用高床饲养，实现了机械化清粪；四是采用监控监督，实现了生产过程全程监管；五是采用机械化挤奶，实现了羊乳全程"不见光"，确保了羊乳质量安全。

小区实行"五统一分"的经营管理方式，即统一圈舍建设、统一品种引进、统一饲草供应、统一疫病防治、统一鲜奶销售和分户饲养。

（3）专业合作社养殖模式　按照"合作社＋基地＋社员"的经营模式，合作社下设奶山羊养殖基地。该模式养殖场区一般占地10～40亩，分为生活区、生产区、辅助生产区、隔离区和粪污处理区，各功能区布局合理、划分明确。建设半开放式标准化羊舍数栋，面积1 000 米^2，机械化挤奶厅50 米^{2}以上，青贮窖500 米^{3}以上，并配套干草棚、消毒更衣室等设施。入驻社员4 户以上，存栏奶山羊200 只以上。基地羊场由合作社统一经营，社员共同参与管理，实行"六统一分"，即统一圈舍建设、统一品种引进、统一技术服务、统一饲草供应、统一疫病防治、统一鲜奶销售和分户饲养的经营管理方式。对入驻社员免去相应的水费和电费，且羊粪一般归社员所有，养殖户奶价由乳品加工企业决定，合作社按收奶量的多少向乳品加工企业收取组织管理费。该养殖模式抵御市场风险的能力强，但需要社员有一定的合作经营精神并在一定时期有相当的资本支撑。

（4）家庭牧场养殖模式　饲养管理以家庭成员为主，实行家庭经营。羊场出资50 万元左右，场区占地3～5 亩，种植牧草5～10亩，存栏奶山羊200 只左右，其中泌乳羊120 只左右。

牧场内分设有生活区、生产区、辅助生产区和粪污区，各功能区布局科学、划分明确。建成高标准羊舍300 米^{2}以上，青贮窖200 米^{3}左右，并配套消毒室、干草棚、生活用房及绿化美化设施等。场内实行高床饲养，实现了机械化挤奶和自动化清粪，圈舍设计采用科学的换气方式，留有进气孔和排气孔，每天定时利用紫外线灯杀菌。利用移动式挤奶器在羊舍羊床上挤奶，最大限度地保证羊奶无菌，以确保鲜奶质量安全。该模式目前拥有数量较多、效益相对稳定，具有一定的示范带动作用。

（5）农户饲养模式　适应于房前屋后地方宽敞的农户采用，这种饲养模式可以同时兼顾家庭劳作，一般作为家庭的附带产业，不专门固定劳动力，饲养规模一般为10～30 只，羊舍固定设施投资一般为3 000 元左右，并配套建设沼气池、厕所、羊栏等。由于饲养数量少，因此该种养殖模式的饲养管理相对粗放，奶山羊饲料以玉米、麸皮为主，饲草料一般准备不够充分。挤奶普遍用手推式挤奶器挤奶或者人工挤奶，挤奶方式监管环节缺失，不利于乳品企业进行鲜奶收购。

9 规模化养殖奶山羊有何意义？

规模化养殖奶山羊既是奶山羊业发展的必然趋势，也是市场经济发展的客观要求。规模化就是在科学养殖的基础上增加奶山羊群体数量，利用先进的科学技术和管理理念组织奶山羊生产，达到增产增效的目的。

（1）有效利用优良奶山羊品种资源　目前，我国已经培育出西农萨能奶山羊、关中奶山羊、崂山奶山羊、文登奶山羊、雅安奶山羊等优良品种（群），通过规模化养殖可以扩大群体数量并继续进行系统的育种工作，提高品种的利用率和生产水平，充分发挥优良奶山羊品种的生产潜能。

（2）实现对饲料饲草资源的合理利用和生态环境保护　优良的奶山羊品种，生长发育快，产奶性能好，饲料报酬高，能用同样的饲料消耗量获得更大的经济效益。例如，饲养一只优良品种的奶山羊，年平均产奶量可达 600～800 千克，而改良后的本地奶山羊年平均产奶量只有 300～400 千克。另外，应用优良品种进行奶山羊的规模化生产所带来的效益，不仅仅是反映在经济效益上，而且山区奶山羊的舍饲饲养方式还可以大大减小其对生态环境的压力，产生可观的生态效益。

（3）大幅度提高奶山羊的生产力和养殖户的劳动生产率　规模化养殖可以促使奶山羊家庭养殖由分散经营向专业化方向发展；新技术的采用，不仅可以提高奶山羊的单产水平，同时生产管理的科学化也可大幅提高劳动生产率。

（4）示范推广奶山羊生产技术　规模化饲养方式对于发挥养殖场内具有丰富养羊经验、较强的商品生产意识和一定经营管理知识的技术人员的才能十分有利，对其他养殖户也有很好的示范带头作用；同时，也有利于先进养羊生产技术成果的推广示范，使养殖户从科学技术方面获得更大效益。

（5）生产质量良好的羊奶产品 规模化饲养奶山羊所需生产成本降低，产品质量有保证，数量大而更具备市场竞争力；另外，按照特定生产方式进行标准化生产，同时使用无公害、无污染、无残留、无疫病、对人体健康无害、质量安全且优质的饲料。因此，羊奶产品质量良好，也增加了奶产品在国内外市场的竞争力和综合经济效益。

（6）推进奶山羊产业发展 规模化奶山羊生产实施科学的经营管理，生产出的产品在市场上的份额并不断扩大，达到规模化饲养的预期效益。规模化饲养使奶山羊业养殖成长为真正的畜牧产业，借助"公司＋规模化农户＋科技"的生产模式建立生产、加工和销售为一体的产业化链条，提高生产水平，推动奶山羊产业转型升级。

10 如何才能做好奶山羊的规模化养殖？

奶山羊生产是多环节、多行业共同参与的综合性生产项目，如果要保证奶山羊规模化养殖得到长期、稳定的发展，就必须对养殖过程中各个环节进行全方位的监控，且各个细节都要有严格的质量控制标准。建立健全各种标准，是实现规模化饲养奶山羊的先决条件。

（1）选择优良的生态环境 奶山羊生产场地附近的生态环境要良好，包括场地附近的大气质量、家畜饮用水质量及土壤质量等。为避免可能的污染，场地必须远离产生污染的工矿企业。具体来讲，场区所在位置的大气、水质、土壤中的有害物质应低于国家标准。

（2）保证饲料原料质量 饲草、饲料是发展奶山羊业的物质基础。因此，必须优先建立无公害饲草、饲料原料基地，要在保护利用好现有草原的同时，开发饲草、饲料基地。选择适宜的饲草、饲料品种，保证充足的饲草、饲料供应，加强饲草及饲料原料基地的管理。饲料原料除要达到感官标准和常规的检验标准外，其农药及铅、汞、镉、钼、氟等有毒元素和包括工业"三废"污染在内的残留量要控制在允许范围之内。

（3）保证奶山羊饮水质量　除保证水源质量外，还要对饮水进行定期检测，主要控制铅、砷、氟、铬等重金属及致病性微生物等指标。

（4）加强奶山羊的饲养管理　加强奶山羊的饲养管理是生产优良奶制品的重要环节，主要包括以下主要措施。

① 为保证产品质量，要选用产奶量高的优质奶山羊品种，不断改进羊奶品质，推广先进的改良技术及人工授精技术，搞好品系繁育。

② 坚持自繁自养，尽可能地避免疫病传入。

③ 采用阶段饲喂法，掌握奶山羊不同生长阶段的饲养管理技术，为羔羊、青年羊和产奶羊配制不同饲料，并根据生长阶段的变化，及时更换饲料。

④ 羊场每天必须做好环境卫生，修建适当规模的粪肥堆放场，待发酵腐熟后还田或销售。

（5）防止疫病发生　疫病防治是规模化饲养奶山羊的关键环节，因此必须采取综合措施，保证羊只的身体健康。

① 贯彻综合性防疫措施，坚持以防为主，认真做好卫生防疫、定期消毒和疫苗免疫。综合性防疫措施的核心是疫苗免疫，建立适合本地区的疫苗免疫制度和疫苗免疫程序，并且严格执行。

② 选择高效、低毒的消毒剂，每周对圈舍环境消毒 1 次，用具消毒 2 次；对产房更要注意彻底消毒。

（6）保证鲜奶贮运及销售安全　要保证羊奶产品贮藏、运输、销售等环节符合食品卫生标准，应注意以下几个问题：

① 鲜奶贮藏宜采用冷风库或专用低温贮藏罐等。

② 用控制温度的冷藏奶罐车运输，要保证低温保鲜，加强卫生控制，防止在运输过程中鲜奶变质或受污染；不能使用化学物质保鲜防腐，做到安全贮运。

③ 做好鲜奶等产品的销售环境卫生，配备必要的卫生设施和

冷藏设备等。

④ 做好鲜奶加工设备的卫生管理与控制。

（7）严格执行屠宰加工规范　规模化养殖奶山羊也涉及羔羊育肥和羊肉生产，因此要保证育肥羊屠宰加工、检疫、检验等环节中符合食品质量标准和卫生标准。

① 宰前进行检疫，严格剔除病羊。

② 定期对羊肉进行药物残留、重金属、致病性微生物检测，实行安全指标控制。

③ 按市场要求进行严格分级、包装，防止宰后污染。

二、奶山羊的生物学特性及其组织器官特点

11 *奶山羊品种是怎么形成的?*

奶山羊在动物界的分类地位是脊椎动物亚门、哺乳纲、偶蹄目、反刍亚目、洞角科、羊亚科、山羊属、家山羊亚属。奶山羊品种的形成是长期自然选择和人工选育的结果,现代奶山羊是由野山羊驯化而来。一般认为,野山羊变为家养山羊的时间早于新石器时代,是古人将猎取的野山羊或其幼羊经过饲养驯化而形成的。目前,欧洲、亚洲、非洲和美洲山地上有 16 种野生山羊,现代山羊的祖先主要是角猾羊、猾羊和欧洲野羊。

12 *奶山羊有哪些生活习性?*

(1) 活泼灵敏,合群性强 奶山羊生性好动,行动敏捷,喜欢攀高,善于游走,除采食、反刍和休息外,大部分时间都是走走停停;尤其是羔羊,经常前肢腾空,躯体直立,猛跑,跳跃。一旦羊群中的一只羊受惊,则其他羊也会跟群乱跑。不管是放牧或圈养,奶山羊都表现出群居特点和优胜序列;特别是在放牧过程中,"头羊"能发挥明显的护群作用,带领羊群觅食。

(2) 性情温顺,便于调教 奶山羊喜欢接近人和接受人的抚爱,善于领会人的意图,便于调教,经训练可以在固定地方采食、饮水、排泄,有序地上下挤奶台,定时挤奶;但奶山羊胆小,易受惊吓,接近时要特别注意。

（3）喜干燥，怕潮湿，爱清洁　奶山羊喜欢生活在干燥、向阳、空气流通、凉爽的地方；在低洼、潮湿的地方，宁肯站立也不愿卧地休息。奶山羊喜欢清洁，最喜欢吃鲜草，每次采食前总先要用鼻子闻一闻，对有异味、腐败及被化学物品污染的饲草宁肯挨饿也不愿吃。另外，奶山羊喜饮清洁的流水。

（4）采食范围广，饲料利用率高　奶山羊采食的植物种类很多，能充分利用其他家畜不能利用的饲草饲料。例如，各种牧草、灌木枝叶、作物秸秆、农副产品、瓜果蔬菜及食品加工后的下脚料，均可作为奶山羊的饲料，因此奶山羊容易饲养。同时，奶山羊属于复胃动物，胃肠发达，勤于反刍，对饲料的消化率和利用率都很高。

（5）适应性强，抗病力强　奶山羊不苛求饲养条件，对生态环境的适应性较强。另外，奶山羊善于行走、好动，四肢和肌体强健、发达，对各种疾病的耐受性和抵抗力均较强，在饲养管理条件良好的情况下很少生病。

（6）性成熟早，繁殖力强　奶山羊羔羊3～4月龄即可性成熟；在饲料、饲养条件良好时，7～8月龄即可配种。奶山羊是季节性发情动物，每年8～10月是发情高峰期，发情明显，受胎率高，平均产羔率达180％～200％。

13 如何识别奶山羊的身体结构？

为了便于指出奶山羊体的各个部位，区别、记载每只奶山羊的外貌特征，就必须识别其部位。奶山羊外貌各部位名称见图2-1，骨骼结构见图2-2。

14 奶山羊体形外貌生长发育有何规律？

（1）体重增长规律　奶山羊在早晨饲喂前空腹情况下称重。出生前100天，增重慢；出生前50天，胎儿重量占到出生后的80％；母羊怀孕130天时胎儿日增重最快。胎儿体内的干物质、蛋白质、类脂及矿物质均在母羊怀孕后期沉积。奶山羊母羊怀孕早

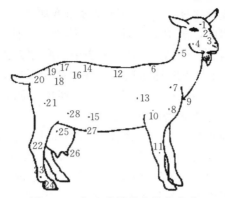

图 2-1　奶山羊外貌各部位名称

1. 头　2. 鼻梁　3. 鼻镜　4. 颊　5. 颈　6. 鬐甲　7. 肩部　8. 肩端　9. 前
胸　10. 肘　11. 前膝　12. 背部　13. 胸部　14. 腰部　15. 腹部　16. 肷部
17. "十"字部　18. 髋部　19. 尻部　20. 坐骨端　21. 大腿　22. 飞节
23. 系　24. 蹄　25. 乳房　26. 乳头　27. 乳静脉　28. 后膝

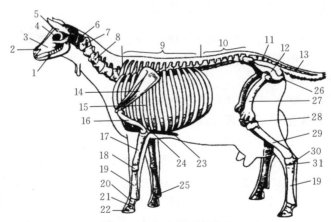

图 2-2　奶山羊骨骼结构

1. 下颌骨　2. 鼻甲骨　3. 上颌骨　4. 眼　5. 头盖骨　6. 寰椎　7. 枢椎　8. 颈椎
9. 胸椎　10. 腰椎　11. 荐骨　12. 髋关节　13. 尾椎　14. 肩胛骨　15. 肋骨
16. 臂骨　17. 前臂骨　18. 腕骨　19. 掌骨　20. 系骨　21. 冠骨　22. 蹄骨　23. 胸
骨　24. 肘关节　25. 籽骨　26. 坐骨　27. 股骨　28. 膝关节　29. 胫骨　30. 跗关
节　31. 跗骨

期，胎儿头部发育迅速，以后四肢发育速度加快，而肌肉、脂肪等发育速度慢。因此，羔羊出生时头大、体重、腿长、皮松。出生后1～3月龄（哺乳期）时，羔羊增重快慢的顺序是内脏＞肌肉＞骨骼＞脂肪；4～12月龄时增重速度顺序是生殖系统＞内脏＞肌肉＞骨骼＞脂肪；1～2岁时增重速度顺序是肌肉＞脂肪＞骨骼＞生殖器官＞内脏；2～8岁时增重速度缓慢。

（2）体形和骨骼生长发育规律　羔羊和幼年羊前期体形呈长方形，相比出生前而言，头变小，头形变狭长，四肢变得短而细，体躯变得深而宽，且前躯较后躯更加显著，中躯变长，臀部趋于方正。青年羊体形由长方形逐渐向楔形过渡，高度增长最为迅速，其次是长度和宽度，最后是深度。成年羊体形呈明显的3个三角形（从前向后、从上向下、侧面观均呈三角形）。从骨骼本身性状来说，一般先增加长度，然后是增加宽度和厚度。

15　怎样鉴别奶山羊的年龄？

鉴别奶山羊的年龄一般有两种方法：一是根据数据资料记录来鉴别；二是根据奶山羊牙齿的生长发育、脱换、磨损和松动等规律来鉴别。

奶山羊共有32枚牙齿，上颚有12枚臼齿，每边各有6枚，无门齿。下颚有20枚牙齿，其中12枚是臼齿，每边各有6枚；另有8枚门齿，门齿中间的1对叫切齿，切齿两侧的为内中间齿，再向外的两个为外中间齿，最外边的两个叫隅齿。门齿发生、脱换、磨灭的规律是，出生时就有6枚乳齿；20～25日龄时，8枚乳齿长齐；1.5岁左右第1对乳齿（切齿）换成永久齿；2岁时内中间齿脱换；2.5岁左右外中间齿脱换；3岁时隅齿脱换；4岁时8枚门齿的咀嚼面平齐；5岁时门齿有齿星、缝隙；6～7岁牙齿磨损更多，门齿间缝隙较大；8～9岁牙齿松动，脱落。

为了便于记忆和应用，将奶山羊牙齿随年龄变化规律总结成顺口溜：一岁半，中齿换；到两岁，换两对；两岁半，三对齐；满三岁，牙换齐；四磨平，五齿星；六现缝，七露孔；八松动，九掉牙；十磨净，请记清。

16 奶山羊的消化道构造分别有哪些特点？

奶山羊是以食草为主的反刍家畜，不同于鸡、猪、狗等单胃动物，而是具有区分为四室的复胃，由瘤胃、网胃、瓣胃和皱胃组成。胃的容积很大，其容量因年龄、品种不同而有所差异。4 个胃中，瘤胃最大，占整个胃容量的 79%。另外，网胃占 7%，瓣胃占 3%，皱胃占 11%。山羊的小肠细长曲折，总长约 25 米。在各种家畜中，山羊的小肠最长，因此山羊对营养物质的吸收十分充分。大肠的直径比小肠大，但长度比小肠短，约为 8.5 米。山羊的小肠和大肠总长度为 32 米左右，是羊体长的 30 多倍。

奶山羊的前三胃（瘤胃、网胃、瓣胃）称为前胃，没有腺体组织，不分泌消化液，对食物主要起浸泡、发酵和生物消化的作用。奶山羊采食时，先是将食物咀嚼并同唾液一起进入瘤胃，进行浸泡，然后返上来再咀嚼、再吞咽，这种现象称为反刍。瘤胃主要是贮存食物，但瘤胃里有大量共生的细菌和纤毛原虫等微生物，这些微生物能分解消化饲料中的纤维素。网胃和瘤胃连在一起，作用和瘤胃相似。瓣胃的作用主要是压榨过滤。皱胃也叫真胃，同单胃动物的胃相似，具有消化腺，能分泌盐酸、胃蛋白酶，主要对食物起消化作用。食糜进入小肠后，小肠上的分泌液对其进一步消化，产生的营养物质经肠壁吸收后进入血液中，输送到全身各个组织。

17 奶山羊的反刍行为是怎么发生的？

反刍是反刍动物特有的消化生理现象。反刍动作可分为 4 个阶段，即逆呕、再咀嚼、再混合唾液和再吞咽。反刍时，网胃和食管沟发生附加收缩，使胃内一部分稀的内容物上升到贲门，然后关闭声门作吸气动作，引起胸内压的急剧下降和胸部食管的扩张，于是内容物经舒张的贲门进入食管。胃内容物进入食管后，借食管壁的逆蠕动作用将内容物送到口腔，这一过程叫逆呕。逆呕是一种复杂的反射动作，由食物的粗糙部分刺激网胃、瘤胃前庭和食管沟黏膜的机械感受器而发生。逆呕的食团到达口腔后，即开始再咀嚼。这时的咀嚼比采食时的咀嚼细致得多，再咀嚼与腮腺分泌的唾液再混合，然后又形成食团重新吞咽进入瘤胃，并与其中的内容物混合。当网胃和瘤胃的内容物经过反刍而变成细碎状态时，一方面对瘤胃前庭的机械刺激减弱；另一方面细碎的内容物转入瓣胃和皱胃，使这两部分的压力加大，刺激了瓣胃的压力感受器，因而抑制了网胃和食管沟的收缩，使逆呕停止，进入反刍的间歇期。在反刍间歇期，瓣胃和皱胃的内容物转入肠中，对瓣胃和皱胃压力感受器的刺激减少，同时由瘤胃进入网胃的粗糙食物又刺激网胃、瘤胃前庭和食管沟等感受器，于是逆呕又重新开始。

反刍通常在采食后 0.5～1 小时内开始，每个食团咀嚼 40～60 次，每次持续 20～50 分钟。成年奶山羊一昼夜用于反刍的平均时间为 8.5 小时，反刍周期数为 20 次。

反刍可进一步磨碎饲料，同时使瘤胃内环境有利于瘤胃微生物的繁殖和进行消化活动。反刍次数和持续时间与草料种类、品质、调制方法及奶山羊的体况有关，饲料中粗纤维含量越高反刍时间越长。过度疲劳或受外界强烈刺激，会造成反刍紊乱或停止，对奶山羊的健康产生不利影响。

18 为什么说瘤胃是饲料发酵罐？

奶山羊是反刍动物，比杂食动物多 3 个胃（瘤胃、网胃、瓣胃）。通常把瘤胃称为发酵罐，这是因为在瘤胃内存在可以消化饲料的微生物，主要包括细菌、原虫和厌氧真菌。细菌有纤维分解菌、淀粉分解菌、蛋白质分解菌、产甲烷菌；游离于瘤胃液中的细菌主要以可溶性营养物质为食物，附着于饲料颗粒上的细菌主要以纤维素和半纤维素为食物。原虫一般长 19～38 微米、宽 15～109 微米，瘤胃液中原虫的浓度为 20 万～200 万个/毫升，主要作用是产生纤维素酶、发酵纤维素、发酵淀粉、分解利用脂肪及蛋白质等。厌氧真菌在微生物物质中占 8%，主要作用是消化低质粗饲料。

在瘤胃微生物的作用下，饲料在瘤胃内发生一系列复杂的消化过程后，变成可利用的营养物质。瘤胃微生物通过其产生的粗纤维水解酶，将食入粗纤维的50%～80%转化成碳水化合物和低级脂肪酸；把生物学价值低的植物蛋白质或非蛋白氮转化成全价的细菌蛋白和纤毛虫蛋白，并随食糜进入皱胃和小肠，充当奶山羊的蛋白质饲料而被消化和利用；能合成B族维生素和维生素K，将牧草和饲料中的不饱和脂肪酸变成饱和脂肪酸，将淀粉和糖发酵转化成低级挥发性脂肪酸，能用无机硫和尿素氮等合成含硫氨基酸。

19 为什么说养羊要先养胃？

养羊先养胃，主要指的是养瘤胃，让瘤胃微生物健康生存。

（1）瘤胃微生物、挥发性脂肪酸是与奶山羊生长有密切关系的两类物质。通过反刍送入真胃的微生物在真胃酸性条件下被杀死后成为奶山羊的食物，奶山羊的主要蛋白来源就是这些被杀死的微生物"尸体"；而通过瘤胃绒毛吸收的挥发性脂肪酸是奶山羊能量的重要来源，70%能量来源于它。因此，反刍是奶山羊健康的重要标志。

（2）奶山羊吃进去的饲料首先是给微生物"吃"的，只有进入真胃消化的养分才是奶山羊真正可以吸收的养分。瘤胃微生物长得好，奶山羊自然就长得好。因此，饲料不仅是提供微生物的营养，还承担着瘤胃环境调控的作用。只有环境调控到适合微生物生长时，瘤胃才会健康，瘤胃绒毛的高度也是奶山羊吸收能量的重要基础。

（3）喂羊首先要考虑的是微生物的"吃"。微生物对"食物"的要求很低，凡是能够腐烂的东西均可被其利用，腐烂就是微生物起作用的结果。当然，瘤胃里的"腐烂"是按照奶山羊的要求发生的。对羊作用不太大的东西，如尿素在瘤胃经过微生物的作用能变成蛋白质；优质原料，如玉米、豆粕也是经过微生物利用后才能成为羊的营养。

20 奶山羊乳房解剖结构有哪些？

奶山羊的乳房由乳腺和乳头组成。

（1）乳腺 由腺体组织构成，通过悬韧带附着于体壁。奶山羊母羊怀孕期间，乳腺开始发育，乳腺组织中的血管和泌乳细胞数量迅速增加。新的乳腺小叶和支持导管随着乳腺的发育而生长，而且其生长在哺育羔羊时还会持续几周。这些乳腺组织生产的乳汁进入腺泡。腺泡很小，形状和气球类似，在母羊乳腺中有数百万个。腺泡中的乳汁先被转运到与腺泡相连的导管中，最后进入乳腺乳池和乳头乳池。腺泡也被一个小血管网络包围，小血管提供细胞泌乳的营养物质，同时也提供了抵御疾病的白细胞（体细胞）和抗体。淋巴管沿着血管分布，也协助运输白细胞。间质组织存在于腺泡之间，为这些血管、淋巴管及神经提供支架。

（2）乳头 通过乳头顶部组织环带（环形）与乳头乳池分隔。这个环带中的许多血管，为乳头提供营养。乳头乳池内侧黏膜光滑；乳头括约肌在乳头底部；乳头管由乳头括约肌包围，并与乳头乳池相通。羔羊舌头的吮吸动作使得乳从乳腺乳池进入乳头乳池，然后通过乳头括约肌将奶送到乳头管中。挤奶员和挤奶机器就是模仿这个动作把奶从乳房中挤出来的。

21 奶山羊乳房有哪几种类型？

常见的奶山羊乳房分为 3 种类型，即球形乳房、卵形乳房和梨形乳房（图 2-3）。

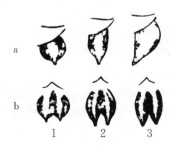

图 2-3 奶山羊正常乳房分类

a. 侧面观 b. 正面观

1. 球形乳房 2. 卵形乳房 3. 梨形乳房

（1）球形乳房　乳房呈球形，乳头短小，乳房与乳头的界线很明显，乳房紧贴于腹部，乳房宽度与高度几乎相等，乳池比较小。这种乳房容积小，手工挤奶比较困难，但适合于机器挤奶。

（2）卵形乳房　乳房形如卵肾，乳头大，乳头与乳房界线分明，乳房在腹部的附着性良好。布袋形乳房属于此类乳房。

（3）梨形乳房　乳房长似梨形，乳头长而大，乳头与乳房之间没有明显界线，乳房前延后伸，与腹部的附着性良好，向后突出，整个乳房向前倾。这种乳房便于人工挤奶，但不利于机器挤奶，因为乳头很大，乳杯很难套在乳头上；同时由于乳房距地面很近，因此放牧时乳房容易损伤。方圆形乳房是此类乳房的一种特殊形式，由于产奶量高，因此便于手工挤奶或机器挤奶，成为奶山羊乳房乳形的重要选择。

22 羊奶是怎样生成的？

乳的生成包括乳成分形成和乳的分泌。乳房开始分泌初乳，之后分泌常乳。乳腺组织中泌乳细胞的数量决定产奶量。乳腺泡中分布着大量的泌乳细胞，这些细胞负责分泌乳成分，如酪蛋白、乳糖、脂类（乳脂）、矿物质、维生素和水等。

乳汁分泌有两种方式，即顶浆式分泌和局部式分泌。羊奶的分泌属于顶浆式分泌。这种方式是腺细胞在分泌过程中，细胞顶膜受损，细胞顶部的一部分胞浆与分泌物形成乳球颗粒后被一起排出。这些乳球颗粒不仅包含乳成分而且包含胞质微粒，它们被一层细胞薄膜包裹。细胞内乳球颗粒会朝最近的腺泡腔聚集，从而进入腺泡腔。

乳头受刺激时，产生的神经冲动从乳头传递到大脑，引起脑下方垂体释放催产素。催产素通过血液循环到达乳腺，引起腺泡外肌上皮细胞收缩，导致腺泡腔体积缩小，奶从腺泡腔中被挤出并沿着乳导管流入乳腺乳池，这个过程称为"排乳"。这种排乳过程发生迅速，通常在乳头受刺激后的几分钟内完成。一旦乳腺开始泌乳奶山羊母羊就进入泌乳期，此时应采取一切良好的措施维持奶山羊母羊正常的泌乳行为，保持产奶量的稳定。

23 奶山羊的泌乳规律有哪些表现形式？

奶山羊泌乳具有一定规律性，一个泌乳期内产奶量和部分乳成分会发生规律性的变化。

一般奶山羊母羊产羔20天后，产奶量上升很快；产后40～70天达到高峰；180天以后产奶量缓慢下降，特别是210天之后下降速度较快；300天停止泌乳，进入干奶期。奶山羊母羊分娩后，从开始泌乳到进入产奶高峰期，再下降进入干奶期停止泌乳，形成抛物线形的泌乳曲线。在奶山羊泌乳过程中，泌乳期简单分为初乳期和常乳期，二者之间的乳成分存在明显差异。

一般而言，奶山羊产羔后5天之内分泌的乳汁为初乳。初乳呈淡黄色，营养丰富，含有蛋白质、脂肪、乳糖、矿物质等营养元素，乳成分随着泌乳期的延长而改变。西农萨能奶山羊初乳中总干物质、灰分、蛋白质、脂肪含量均随泌乳期的延长呈下降趋势，而乳糖含量则随泌乳期的延长呈上升趋势。山羊初乳中的脂肪球较小，脂肪酸中 C6：0、C8：0 和 C10：0 脂肪酸质量分数分别为 2.66％、3.06％ 和 9.82％。与常乳相比，初乳中的干物质、蛋白质、脂肪及 Ca、Mg、Fe、Cu、Zn、Mn 等含量明显高于常乳，但乳糖含量低于常乳。

奶山羊分娩5天后至干奶期之间所产的乳为常乳。奶山羊常乳泌乳期240天以上，乳成分在不同泌乳月均有所差异。总体而言，常乳中的干物质、蛋白质、乳脂肪和乳糖含量分别为12.58％、3.54％、3.68％ 和4.58％。此外，山羊奶中含有多种必需氨基酸，其中的赖氨酸、蛋氨酸、苏氨酸、色氨酸、苯丙氨酸含量高，但异亮氨酸、亮氨酸、缬氨酸含量低；同时，山羊奶中的短链脂肪酸丰富，有益于幼畜消化和吸收，并含有丰富的 K、Ca、P、Na、Mg 等矿物质元素。

三、羊场建设及设施

24 羊场选址有哪些要求？

（1）羊场要建在居民生活点的下风向，距住宅区至少300米，并在水源的下方。场址应低于居民住房、生活区和水井；在山区建场时应考虑是否有充足且水质良好的水源。

（2）羊场的地势应相对较高。生活在潮湿的环境中，奶山羊容易得寄生虫病及腐蹄病，影响生长发育和健康。因此，建设羊场时应选择地势较高、南向斜坡、排水良好、通风干燥的地方，不能在低洼涝地、山洪水道、冬季风口等地建场。建场时，当地地下水位一般要在2米以下，最高地下水位需在青贮坑底部0.5米以下。另外，场区地势要平坦而且稍有坡度。

（3）奶山羊以产奶为主，所需的饲料总量较多，因此需要有充足的饲料来源，饲料基地的建设要考虑羊群发展规模。对于奶山羊来说，要特别注意准备足够的越冬干草和青贮饲料，本着尽可能就地供应的原则解决好饲料供应问题。

（4）充分了解当地疫情，不能在传染病和寄生虫病多发的疫区建场。

（5）为了保证鲜奶的质量并及时供应，场址应选在距离市区和工矿不太远、交通较为方便的地方。同时，还要注意邮电通信和能源供应条件。

（6）场址一般应选在奶山羊的中心产区，以便就近推广种羊或销售产品，同时应距离乳品加工厂较近。

25 如何布局羊场内的设施？

羊场内的设施布局应"因地制宜、科学合理"，根据羊场全面规划来安排，既要保证奶山羊的正常生长发育，又要为提高劳动生产率创造良好的条件，另外还要能合理利用土地和节约基本建设投资。建筑物布局应力求紧凑。

羊场的建筑物主要有羊舍、饲料加工间、青贮塔、青贮壕（窖）、干草棚、人工授精室、挤奶厅、兽医室、病羊舍、产房、办公室和生活区等。

羊舍应建在羊场中心。修建数栋羊舍时，长轴平行配置，前后对齐，羊舍间距10米左右，便于饲养管理和采光、防疫。饲料加工间靠近羊场大门，便于运输，且与饲料库距离近。青贮塔应靠近成年羊舍，便于取用；青贮窖应取用方便，不影响羊场的整体布局；干草棚应距成年羊舍较远的地方，以利防火防尘；一些较冷的地区常在成年羊舍顶部搭建草棚，以便保温和节约建筑费用。人工授精室可设在成年公、母羊舍之间或附近。挤奶厅在成年羊舍的中间或两头，贮奶罐容积可根据羊群规模选购。兽医室和病羊隔离舍应设在羊场的下风向，距羊舍100米以上，以防止传播疾病。产房应设在靠近母羊舍的下风向，或者在成年羊舍内。办公室和生活区一般设在羊场大门口附近或场外，处于上风向，以防人畜相互影响。

26 建设挤奶厅时应注意什么问题？

挤奶厅是奶山羊场的核心区域，应根据羊场的具体情况来确定挤奶厅的位置、类型、大小和机械配置。影响挤奶厅建设的主要因素有羊群数量、每次可用的挤奶时间、挤奶次数、羊群组别、羊只流动速度、挤奶设备的负荷能力、未来羊群的扩张计划，以及羊只和挤奶员的舒适度等。

羊场规模是决定挤奶厅大小的主要因素，同时决定挤奶厅大小还需考虑羊场以后的发展规模。由于挤奶厅是羊场的一个重要组成部分，是和其他设施相关联的一个枢纽，因此有必要制订一个与之相配套的管理计划，包括羊只流动情况、饲料流动情况、粪污处理情况、空气流动情况和人员流动情况等，必须考虑所配置的各种设施是否有利于羊只的分群与保定。

在确定挤奶厅类型和各项机械装备时除需考虑满足挤奶台的目标生产能力外，还要考虑羊场建设的资金情况。盈利是任何羊场发展的最终目的，选择挤奶厅的类型和机械设备购置时必须考虑这一点，以做到经济、实用。

27 羊舍的建筑有哪几种形式？

建设羊舍时，可根据当地气候环境、地形地势、场地大小、羊场规模、饲养方式等建成不同的形式。

羊舍形式按羊床在舍内的排列可分为单列式、双列式；按屋顶样式可分为单坡式、双坡式、圆拱式、半钟楼式和钟楼式（图3-1）；按通风情况可分为密闭式、敞开式和半敞开式；按平面分布有长方形、直角形和半圆形等。

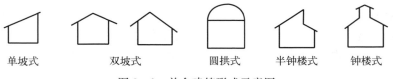

单坡式　　　双坡式　　　圆拱式　　半钟楼式　　钟楼式

图3-1　羊舍建筑形式示意图

28 羊舍羊床地面有哪些特点？

羊床是羊舍中最重要的部分，是奶山羊休憩的重要场所，对羊体健康和乳品卫生有很大影响。常见羊床有土质地面、砖砌地面、水泥地面、垫草地面及漏粪地板。

（1）土质地面　属于暖地面（软地面）类型。土质地面柔软，富有弹性，不光滑，易于保温，造价低廉。其缺点为不够坚固，容易出现小坑，不便于清扫消毒，能形成潮湿的环境。建造土质地面时，可混入石灰来增强黄土的黏固性，也可用三合土（石灰：碎石：

黏土＝1：2：4）地面。

（2）砖砌地面 属于冷地面（硬地面）类型。因砖的孔隙较多，所以导热性小，具有一定的保温性能。施工技术好时可以做到不易透水，也较坚实，便于清扫消毒。但若砌筑不当，则会吸存大量水分，使羊舍过分潮湿。例如，成年母羊舍粪尿相混的污水较多时，容易造成不良环境；另外，砌筑不当时由于吸收大量水分，因此本身的导热性遭到了破坏，地面易变冷变硬。砖地吸水后，经冻易破碎加上本身易磨损的特点，特别容易形成坑穴，不便清扫消毒。因此，羊床要采用砖砌地面时，适宜立砌，不宜平铺。

（3）水泥地面 属于硬地面。其优点是结实，不透水，便于清扫消毒；缺点是造价高，地面太硬，导热性强，保温性能差。为防止地面湿滑，可将表面作成麻面。

（4）垫草地面 属于暖地面类型。此类型地面给奶山羊提供了一个舒适、温暖的饲养环境，减少了羊体直接与羊粪的接触机会，提高了羊奶的质量。垫草一般根据当地农作物秸秆资源进行选择，北方选择小麦秸秆作为垫草，南方使用稻草铺垫羊舍。此类型不仅地面需要长期铺草，代价较高；而且难以彻底消毒，造成一定的疾病风险，因此建设及使用过程中要慎重考虑。

（5）漏粪地板 这类羊舍羊床在国外大型羊场和我国南方羊场已被普遍采用，在我国北方也开始使用。规模化奶山羊场的羊舍可建造成漏粪地板式，地板材质有水泥、竹质、木质及塑料等。漏粪地板羊舍需配以污水处理设备，造价较高；并且应及时清理粪便，以免污染舍内空气。

29 什么是楼式羊舍？

楼式羊舍是我国南方地区养羊常建的一种羊舍，多以木条竹片为建筑材料，间隙1～1.5厘米，距地面高度1.5米（图3-2）。羊舍的南面或南北面，一般只有1米高的半墙，舍门宽1.5～2.0米，通风良好，故防热、防湿性能好。运动场在羊舍南面，其面积为羊舍的2～2.5倍。这类羊舍如果楼板距地面高度增至2.5米，在干燥少雨季节，羊住楼下，既可防热，又可将干草贮存于楼上；梅雨季节可根据需要，将羊饲养于楼上，以防潮湿。

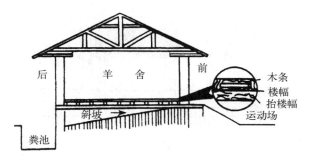

图 3-2　楼式羊舍示意图

30 什么是棚圈羊舍？

棚圈羊舍多见于北方高燥地区，一般借助院墙搭建羊舍羊棚，舍外有面积不大的运动场（兼作堆肥场），奶山羊多为拴系饲养。此类羊舍造价低廉，可使羊只免受日晒雨淋。简易棚圈羊舍见图 3-3。

另外，在北方比较寒冷、干燥的地区和丘陵地带，可开挖窑洞，在洞口搭建草棚，外设运动场和干草架。作为羊舍的窑洞门窗要大，易于通风。洞口的草棚可以防止梅雨季节雨水内渗和夏天日光暴晒，运动场可作挤奶用。这种羊舍冬暖夏凉，经济实用，但要特别注意通风透气，防止由于洞内潮湿而引发寄生虫病和传染病等。窑洞棚圈羊舍见图 3-4。

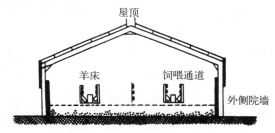

图 3-3　简易棚圈羊舍示意图

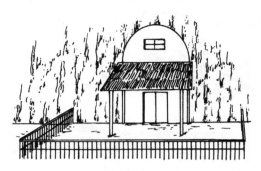

图3-4 窑洞棚圈羊舍示意图

31 什么是塑料暖棚羊舍?

塑料暖棚羊舍保温、采光好,经济实用,非常适合我国北方地区。隆冬季节,塑料暖棚羊舍的最高温度为3.7~5.0℃,最低温度为−2.5~−0.7℃,基本符合羊体对外界温度的要求,解决了冬季家畜的保温问题。

塑料棚舍一般采用单列式半拱圆形,方向坐北朝南。棚舍前沿墙高1.2米,中梁高2.5米,后墙高1.7米。前沿墙与中梁之间用竹片搭成弓形支架,后墙与中梁之间用木椽搭棚,上覆棚膜。棚舍前后跨度6米,左右宽10米,中梁垂直于地面与前沿墙距离2~3米。棚舍山墙留一高约1.8米、宽约1.2米的门,供羊只和饲养人员出入。在距离前沿墙基5~10厘米处留进气孔,棚顶预留排气百叶窗,排气孔大小是进气孔的1.5~2倍。棚内可根据具体情况修建饲槽等设施。

塑料暖棚羊舍结构见图3-5。其框架材料主要有木材、竹材、钢材、硬塑料和铝材等,暖棚覆盖材料有聚氯乙烯膜、聚氟乙烯膜和多功能膜等。根据塑料暖棚的实际应用效果来看,应选择厚度为100~200微米、宽度为3~4米的耐候、防滴、保温为基本条件的无色或有色聚氯乙烯膜。

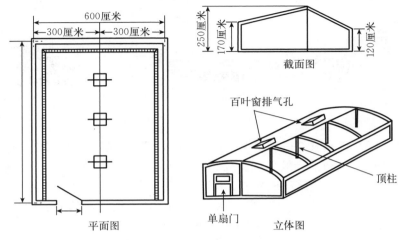

图 3-5　塑料暖棚式羊舍示意图

32 羊场必要的配套建筑有哪些？

根据羊场的生产需要，羊场必要的配套建筑有：

（1）兽医室　修建兽医室是为了对疾病进行有效的预防和治疗，面积一般为 30 米² 左右。

（2）青贮壕（窖）　青贮壕为长方形，宽 2～2.5 米、深 2.5～3 米，长度可根据奶山羊的饲养量确定。青贮窖一般为圆形，底部成锅底状，分地上式、半地上式和地下式 3 种。青贮窖的直径 3～3.5 米，深 3～4 米。修建青贮壕（窖）时，要选在地势高燥、排水较好的地方，四周要用砖、水泥砌成，壁面用水泥压光保持光滑。为了防止雨水渗漏，青贮时可内衬塑料薄膜。

（3）鲜奶处理室　修建鲜奶处理室可将鲜奶及时过滤或消毒降温后运送到乳品厂或销售处，面积可根据羊场规模确定。

（4）药浴池　在疥癣及其他体外寄生虫病频发的地区，应修建药浴池并定期对奶山羊进行药浴。药浴池的修建方式有地上式、半地上式和地下式 3 种，长 6～7 米、宽 0.5～0.8 米、深 1.5～1.7 米，常见的药浴池见图3-6。奶山羊药浴时要在专家的指导下进行。

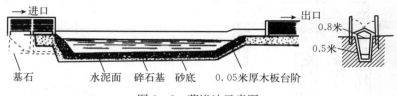

图3-6　药浴池示意图

（5）供水设施　供水设施是保证羊只健康、减少饲养员生产劳动强度、提高生产效率的重要条件，水源地要与羊舍间隔一定距离，井口周围用砖砌成并加盖板。

（6）运动场和遮阳棚　运动场是奶山羊平时活动的主要场所，有利于羊体健康和保持较高的生产性能，面积一般是羊舍面积的2～3倍。遮阳棚建在运动场内或依靠围墙搭建，遮阳棚可供羊夏季避暑、雨天防淋，必要时还可作为补饲场所；遮阳棚建设时可采用一面流水式或两面流水式，搭建面积可根据羊只饲养数量而定。

33 羊场应配备的设备有哪些？

根据羊场的生产需要，应配备的主要设备包括铡草机、饲料粉碎机、磅秤、羊笼、补饲槽、干草架、盘秤、储奶桶、挤奶桶、挤奶架、铁锹、推板、饮水盆、药柜、办公桌、椅子、冰柜等。

34 挤奶厅中的挤奶机有哪些类型和特点？

机器挤奶可提高羊奶质量和劳动效率，固定式挤奶机和转盘式挤奶机是挤奶厅中常见的两种类型挤奶机。

（1）固定式挤奶机　经济实用，适用于中、小规模的奶山羊养殖场，挤奶的山羊数量不超过500只。挤奶时，将羊赶到挤奶厅内的挤奶台上，成两边排列，挤奶员站在厅内两列挤奶台中间，完成一边的挤奶工作后接着进行另一边的挤奶工作；随后放出已挤完奶的母羊，再放进一批待挤奶的母羊。

（2）转盘式挤奶机采用底盘技术，配以真空系统并结合控制技术，不仅对奶山羊健康提供了有力的保障，而且为牧场的规范管理打下了坚实的基础。目前转盘式挤奶机有 100 位、120 位等不同型号，可满足千只以上泌乳羊的挤奶需求，广泛应用于大型牧场的日常挤奶。其优点是优化奶厅设计，节约土建成本；设备操作人员较少，节约人力成本；规范操作流程，提高人工效率，节约时间成本能源消耗。但是，转盘式挤奶机造价成本高，后期维护费用大。

35 饲喂奶山羊的饲槽有哪几种类型？

根据建造方式和用途，饲喂奶山羊的饲槽大体可分为固定式长形饲槽、移动式长形饲槽和羔羊哺乳饲槽。常见的有如下几种：

（1）固定式长形饲槽　一般设置在羊舍或运动场内，用砖、石、水泥等砌成若干平行排列的固定式饲槽，以舍饲为主的羊舍内修建永久性饲槽，结实耐用，根据羊舍结构进行设计。

（2）移动式长形饲槽　采用木板和铁皮做成，运输、存放方便灵活，作为放牧补饲用，饲槽的大小和尺寸可灵活变动；也可装些固定架，以防羊只攀登踩翻。

（3）羔羊哺乳饲槽　这种饲槽可先作成一个长方形铁架，用钢筋焊接成圆形架，每个饲槽一般有 10 个圆形架，每架放置 1 个搪瓷碗，适宜于哺乳期羔羊。

36 如何利用饲草架饲喂奶山羊？

利用饲草架饲喂奶山羊，可以减少浪费，避免草屑污染羊奶。草架形式多样，有靠墙设置的单面饲草架，也有在运动场内设置若干平行的双面饲草架。一般木制饲草架成本低、容易移动，在放牧或半放牧饲养条件下比较实用。舍饲条件下在运动场内用砖块砌槽、水泥填缝、钢筋作隔栅，修成饲料、饲草两用槽架，使用效果更好，具体建造尺寸大小可根据羊群规模设计。

37 什么是袋装青贮装填机？

袋装青贮装填机是一种移动式饲料青贮和半干青贮复合作业机具，可达到保存饲料营养价值的目的，适合各类奶山羊场、专业户使用，在气候潮湿、多雨、地下水位高的南方或低洼地区的使用价值更高。

袋装青贮装填机的最大特点是将切碎机和装填机组合在一起，减少了专用的运输设备，生产操作方便灵活。使用这种设备投资少、占地少，可较好地控制青饲料质量。采用半干青贮时，干物质含量较青贮塔等其他青贮方法高1倍，减轻了饲养人员的劳动强度运输，并且为饲料产品的商品化创造了条件；为优良牧草的加工贮藏提供了新技术。

38 目前常用的自动饮水器有几类？

自动饮水器是实现畜牧业机械化的必备设备，因其给水对象不同和饲养方式不同而种类繁多。随着我国集约化养羊业的发展，自动饮水器必将在奶山羊生产中逐渐得到推广和应用。常见的自动饮水器有以下几种类型：

（1）乳头式饮水器　因其便于防疫、节约用水等优点在国内外得到了广泛应用。饮水器内的钢球靠自重及水管内的压力密封了水流出的孔道。饮水时，动物用嘴触动饮水器的"乳头"，由于阀杆向上运动而钢球被顶起，水由钢球与壳体之间的缝隙流出。完毕后，钢球及阀杆靠自重下落，又自动封闭。乳头式饮水器易堵塞，对水质要求高，通常前端要加装过滤网。

（2）鸭嘴式饮水器　该类饮水器是在弹簧的作用下，阀杆压紧胶垫，而严密封闭了水流出口。当动物饮水时，咬动阀杆，使阀偏斜，水通过密封垫的缝隙沿鸭嘴的尖端流入口中。动物不咬动阀杆时，弹簧使阀杆恢复正常位置，密封垫又堵死出水孔。

（3）水槽式饮水器　水槽式饮水器最大特征是水槽盛满水后水能保持一定的水面，按保持水面的方法可分常流式水槽饮水器和浮子式水槽饮水器。

① 常流式水槽饮水器　由镀锌铁皮制成，水槽断面为 U 字形或 V 字形，宽 45～65 毫米、深 40～48 毫米。水槽始端有一经常开放的水龙头，末端有一出水管和溢流水塞。当供水量超过用水量而使水面超过溢流水塞的上平面时，水即从其内孔流出，使水槽始终保持一定水面。清洗时将溢流塞取出即可放水。

② 浮子式水槽饮水器　槽长 2 米、槽宽 60～70 毫米、槽深40～45 毫米。这类水槽常由搪瓷铁或不锈钢制作，由支柱支持或悬吊于一定高度，高度可在 50～400 毫米内调节。在羊舍高处安有主水管，主水管一头由软管接入，另一头接入水槽一端的接头，接头与水槽之间为浮子装置以控制水面。

（4）吊塔式饮水器　吊塔式饮水器的水压有低压和高压两种，低压饮水器的最大压力为 69 千帕，一般需设一水箱，水箱安置高度为 2.4～3.6 米；高压饮水器的最大压力为 343 千帕，可直接与自来水管连接。

（5）无阀自动饮水器　此饮水器的压紧弹簧置于水中，易受腐蚀。其具体装置为管箍装在承压水管上，用有通水孔的橡胶衬垫吊装在管座上，并用螺母将管座紧压在水管上。另外，此饮水器还包括饮水盆、起动操纵杆和弹簧等零部件。在使用过程中，家畜触压操纵杆，使压板顺时针摆动，受挤压的橡胶管松开，水管中的水则流至饮水盆。当压板放松后，橡胶管又受到挤压，此时关闭水源。

39 什么是奶山羊采食量自动记录系统？

饲料自动饲喂和采食量自动记录系统已经广泛用于养猪业和奶牛生产中，现在开始逐步推广到养羊业。奶山羊用采食量自动记录饲喂器是进行奶山羊科学研究的理想设备，利用电磁感应器原理实现一羊一槽，可以记录个体采食量，用微机控制每只羊的饲喂量，专门设计的饲料吊槽可以防止奶山羊偷食和饲料浪费。安装此设备的羊场以每圈饲养 6～10 只奶山羊为宜。这种设备的使用避免了为记录采食量而采取单圈饲喂方式带来的管理问题，并减少了饲料浪费，节约了人力成本和饲养成本，但是设备投入成本增加。

40 修建羊舍时应注意哪些问题？

（1）布局合理　羊场设施建设要本着互不干扰、合理方便使用的原则。

（2）就地取材　建筑用的材料，应以当地材料为主，要经济实惠。

（3）面积适宜　羊圈面积适宜是保证羊只正常生长发育和生产力发挥的关键，一般羊圈面积种公羊 1.5～2 米^2、青年羊 0.5～0.8 米^2、泌乳羊 1.2～1.5 米^2、妊娠母羊或哺乳母羊 2～2.5 米^2。

（4）羊舍高度适中　羊舍高度一般为 2.5～3 米。过高不仅造成浪费，也不利于保暖；过低不利于通风、采光、防潮。

（5）圈门宽敞　奶山羊合群性强，喜欢群居，进出圈门有拥挤的习惯。因此，圈舍的门要宽大，一般要求门高 1～1.3 米、宽 0.8～1 米。

（6）地面要有坡度　羊圈内地面要有一定坡度，以利排水。舍内地面一般要比舍外地面高 15～30 厘米，以确保羊舍地面干燥。

四、奶山羊品种及选育

41 **国外有哪些优良奶山羊品种？有何特征？**

国外奶山羊知名品种有 50 多个，包括萨能（Saanen）奶山羊、吐根堡（Toggenburg）奶山羊、努比亚（Nubian）奶山羊、法国阿尔卑（French Alpine）奶山羊、拉美查（La Mancha）奶山羊、海森（Hesse）奶山羊、亚姆拉巴里（Jamnapari）奶山羊、比陶（Beetel）奶山羊等，主要分布在欧洲，其他国家许多优良奶山羊品种的培育都与欧洲奶山羊品种有关。

（1）萨能奶山羊　原产于瑞士西北部伯尔尼奥伯兰德州的萨能山谷地带，主要分布于瑞士西部的广大区域，是当今世界上乳用山羊的代表种，现已遍布世界各国，为分布最广的奶山羊品种。

萨能奶山羊具有奶用家畜的楔状体形，被毛白色或稍带浅黄色，由粗短、髓层发达的有髓毛组成，公羊的肩、背、腹和股部着生少量长毛。皮薄，呈粉红色，仅颜面、耳朵和乳房皮肤上有小的黑灰色斑点。公、母羊一般无角，耳长直立，部分个体颈下靠咽喉处有一对悬挂的肉垂（但非品种特性，不能以此评定是否纯种）。体躯深广，背长而直，四肢坚实，乳房发育充分，但相当数量的个体尻部发育较弱而且倾斜明显（此为其缺点）。

萨能奶山羊公羊体高 85 厘米左右，体长 95～114 厘米。奶山羊母羊体高 76 厘米，体长 82 厘米；繁殖率为 190%，多产双羔和三羔；泌乳期 8～10 个月，产奶量 600～1 200 千克，乳脂率 3.8%～4.0%。

萨能奶山羊的产奶量居世界奶山羊之最，但产奶量随分布地区和饲养管理条件的不同而差异甚大，以英国、法国和美国的萨能山羊产奶性能最佳。

萨能奶山羊产区的自然条件使得该品种奶山羊对直射日光十分敏感，因此适宜于舍饲饲养。而且萨能奶山羊最适合于在亚热带气候环境下饲养，过热的气候不利于其生长发育和生产性能的充分发挥。引种时，需要考虑当地生态环境。

（2）吐根堡奶山羊　原产瑞士东北部的圣加伦州，由该州的主要盆地——吐根堡而得名。因当地居民除工作外，喜爱饲养该种山羊，故该品种羊又被称为"职工山羊"。

该种山羊被毛呈浅色或深褐色，分为长毛和短毛两个类型。长毛型吐根堡奶山羊背部和大腿部着生长达 20 厘米的粗毛。头部和颜面两侧各有一条灰白色的条纹，耳朵呈浅灰色，沿耳根到嘴角有一块白斑，颈部到尾部呈一条浅色的背线，四肢下部、腹部及尾部两侧灰白色。对该品种山羊来说，四肢上白色的靴子和浅色的乳镜是其典型的外貌特征。公、母羊一般无角（但因产地而异，如英国饲养的 50% 以上个体有角或去角），部分个体颈下生长肉垂，乳房发育充分。该品种奶山羊体格略小于萨能奶山羊。公羊体高 78 厘米、体重60～70 千克，母羊分别为 70 厘米和 45～55 千克。该品种羊产奶量也因地而异，一般为 600～1 200 千克；个体最高产奶记录为 2 613 千克，乳脂率为 3.3%，繁殖性能与萨能奶山羊相似。

由于吐根堡山羊被毛褐色，因此抗直射日光的能力强于萨能奶山羊，适应于在热带气候条件饲养。

（3）努比亚奶山羊　原产埃及，也称埃及奶山羊，以其中心产地尼罗河上游的努比亚而得名。该种奶山羊在非洲的许多国家（包括苏丹北部和埃及南部的地区）亦有分布。

努比亚山羊毛色不一，红色、黑色、灰色、白色、棕色均有。甚至一羊多色，以红、棕、黑 3 种毛色的居多，而且因地而异。该品种奶山羊被毛短密光亮，外形奇特，头短，呈三角形，骡马鼻，前额突起，头颈相连处呈圆形，颇似骆驼的颜面，耳朵宽长垂至颈下。有的长角（如突尼斯和美国饲养的奶山羊），有的无角（如阿尔及利亚饲养的奶山羊），下颌无胡须。

努比亚山羊体型中等，体高 66～71 厘米、体长 66～76 厘米、体重 35～40 千克。泌乳期 5 个月左右，年产两胎，乳房发育良好，产奶量一般为 300～800 千克，乳脂率较高（4％～7％）。尽管努比亚奶山羊的产奶量不及萨能奶山羊和吐根堡奶山羊，但是努比亚奶山羊所产的奶奶汁浓稠，品质优良，含脂率在 5％以上，故颇受群众喜爱。

努比亚山羊性情温驯，繁殖力强，可年产两胎，每胎 2～3 羔。但喜温暖，怕寒冷和潮湿，只有饲养在温暖、干燥的环境下，才能充分显示其优良的产奶性能。

（4）法国阿尔卑奶山羊　由法国地方山羊和引进的瑞士奶山羊长期杂交选育而成，是法国奶用山羊的主要品种，占其奶山羊总数的 70％以上。

该种奶山羊被毛粗短，毛色不一，有灰棕色、灰色、白色和花斑色；有的有角，呈镰刀状；有的无角。面凹，额宽，体躯深，乳房椭圆形，基部附着良好。体格较大，繁殖力高，能很好地适应山区的生态条件。奶山羊体高公羊 85～100 厘米、母羊 72～90 厘米；体重公羊 80～100 千克、母羊 50～70 千克；产奶量 800 千克左右，含脂率 3.5％。

（5）拉美查奶山羊　拉美查奶山羊是在美国长期应用多个乳用品种杂交，于 20 世纪 30 年代培育成的乳用山羊新品种，因其具有参与杂交的主要品种之一，且西班牙小耳拉美查奶山羊耳朵短小，因而又称无耳奶山羊。该品种奶山羊由于产奶量高、适应性强、对饲料条件要求不高而颇受欢迎，除美国外也在其他国家受到了较高的重视。

拉美查奶山羊被毛色杂而短细，有光泽。体格中等，面部直，鹰鼻。耳朵短小，分为地鼠耳和侏儒耳两个类型。地鼠耳的奶山羊耳朵长度在 2.5 厘米以下，软骨很小或无，以无软骨者为佳，规定只有具地鼠耳的奶山羊公羊方可进行良种登记。侏儒耳的奶山羊耳朵较长，约为 5 厘米，并有软骨形成小耳。

拉美查奶山羊体重和体高与萨能奶山羊近似。体重公羊 80～90 千克、母羊 59 千克左右。产奶量平均 800 千克，乳脂率为 3.5%～4.4%。

(6) 海森奶山羊　又称德国白色改良奶山羊，是 20 世纪初在德国用萨能奶山羊有计划地改良杂交地方白色奶山羊育成的奶用品种，主要产地是德国的海森地区，因产地而得名。现已分布于德国全境，饲养数量占德国山羊总数的 2/3 以上。

海森奶山羊体高、体重和产奶性能，居于当代奶山羊品种之冠，超过其亲代品种。体格较大，体高公羊 85～90 厘米、母羊 70～75 厘米；体重公羊 85～110 千克、母羊 50～70 千克。被毛粗短，全身白色；公、母羊均无角；体型优美，结实健壮；对饲料条件要求不高，具有充分发育的适合机器挤奶的球形乳房，产奶能力强，达 1 000～1 200 千克，含脂率 3.5%～3.9%；大群管理条件下仍具有较高的产奶性能，一般在 700～800 千克及以上。

(7) 亚姆拉巴里奶山羊　又称为爱塔瓦（Etawah）奶山羊，为印度及其邻国分布最广的乳用山羊品种。体型大，垂耳。该品种为优秀的乳用奶山羊，同时其产肉性能也高，因此有时也作为肉用。

亚姆拉巴里奶山羊体型高大，四肢较长，颜面突出，耳朵长约 30 厘米，下垂，尖部上卷，角短平。除大腿部被毛长且厚密外，其余部分被毛均较短，被毛颜色一般为栗色、亮褐色、黑色和白色。经严格选择的公羊和母羊体高分别可达 127 厘米和 107 厘米，体重分别为 68～91 千克和 36～63 千克。另外，该品种奶山羊乳房发育良好。核心群母羊 250 天泌乳期产奶量可达 360～540 千克，乳脂率 3.5%，最高日产 3.8 千克。12 月龄公、母奶山羊屠宰率可达 44%～45%。相对而言，该品种奶山羊的繁殖性能较差，年产两胎的母羊仅占 10%；并且表现出了很有规律的季节性繁殖，双羔率也只有 10%，多为单羔。

(8) 比陶奶山羊　是印度和巴基斯坦等邻国一个知名的奶用品种，体型较小，角较长，多为扭角。被毛颜色一般由以带有白斑的红色或棕褐色为主，另外也有灰色、黑色、白色等。公羊有须，母羊一般没有。公、母羊的体高差异不大，分别为 89 厘米和 84 厘米；成年母羊的活体重大约为 45 千克。该品种主要作为乳用，其平均泌乳期为 224 天，年奶量 200 千克，但也有 133 天泌乳期内产奶量高达 320 千克的个体，最高日产 4.5 千克。其繁殖性能一般，年产羔两次的母羊占 20%，产双羔率的达 30%。此品种羊为明显的季节性繁殖。

42 我国有哪些优良奶山羊品种？有何特征？

我国是世界上山羊品种资源十分丰富的国家之一，山羊和奶山羊数量居世界之首。我国的奶山羊品种大都是在地方山羊品种的基础上与外来优良奶山羊品种杂交后培育而成的。据《中国畜禽遗传资源志·羊志》记载，我国目前有以下 5 个知名奶山羊品种（群）。

（1）西农萨能奶山羊　西农萨能奶山羊是利用从美国和加拿大引进的萨能奶山羊进行本品种选育和风土驯化，经过长期严格选择和精心培育形成的，能适应我国气候条件的优良奶山羊品种。主要分布于陕西、河南、山东等省。该品种奶山羊具有广泛的适应性，但仍以长江以北、长城以南最为适应。在炎热潮湿和十分寒冷的气候条件下，西农萨能奶山羊的生长发育和生产性能受到影响，这在引种时必须加以考虑。

西农萨能奶山羊全身被毛白色、较短，体大皮薄，以头长、颈长、体长、腿长（四长）为主要特点。颜面平直，耳长而薄、前伸，多数羊无角有髯，四肢端正，蹄质坚强。母羊前胸丰满，背腰平直，腹大不下垂，后躯发达，乳房基部宽大、形状方圆、质地柔软，乳头大小适中。公羊颈粗壮，胸宽背平，尻部发育良好，外形雄伟。

西农萨能奶山羊成年羊体重公羊 80～100 千克，母羊 65～80 千克；成年羊体高公羊 85～95 厘米，母羊 70～80 厘米。该品种奶山羊泌乳性能好，乳汁质量高，泌乳期一般为 9～10 个月，以第 3～4 胎的泌乳量高，年产奶 700～1 200 千克；泌乳期最高个体产奶记录为 1 860 千克，最高日产量达 10 千克；乳脂率为 3.43%，乳蛋白含量为 3.28%，干物质含量为 11.40%。该品种繁殖力较强，性成熟早，发情季节为每年 8 月至翌年 2 月，以 9～10 月发情最盛，发情周期 21 天，妊娠期 150 天左右；产羔率 200%，多为双羔，公、母羔羊性别比为 45：55，雄性率略高；间性率为 1% 左右，利用年限 7～9 年。

（2）关中奶山羊 关中奶山羊是在萨能奶山羊和极少量吐根堡奶山羊与当地奶山羊杂交后代的基础上，与西农萨能奶山羊杂交形成的。主要分布于陕西省的关中盆地，以渭河北部的富平、三原、铜川 3 个县数量最多，其余县区也有相当数量，是我国饲养数量最多的奶山羊品种，现达 70 余万只；加上多年来向全国各省（自治区）推广，现饲养数量共计 100 余万只。关中奶山羊在 1990 年通过品种鉴定，被正式列为奶用山羊品种，这对我国奶山羊业的发展起到了重要的支撑作用。

关中奶山羊的外形和萨能奶山羊的相似。体重公羊 85～100 千克，母羊 50～55 千克。产奶性能低于纯种萨能奶山羊，一般为 400～700 千克，少数个体达 1 000 千克，乳脂率为 3.5%。该品种奶山羊产肉性能较好，屠宰率平均为 49%，净肉率为 39.5%。关中奶山羊的繁殖力较强，平均产羔率为 178%，多产双羔。关中奶山羊在适应性较强，耐粗饲，抗病，在引种省（自治区）的生长发育良好，生产性能发挥正常。

（3）崂山奶山羊 主要分布于山东省青岛市的崂山县及与其相邻的即墨县、烟台市等。产区气候温和湿润，饲草饲料资源丰富，为崂山奶山羊的发展提供了优越的自然条件，是我国饲养奶山羊最早的地区。该品种体大、奶多、耐粗饲，是当地政府从国外引入萨能奶山羊等品种，与当地饲养的体小而轻（群众称为小狗羊）的土种山羊反复杂交培育而成。该品种于 1991 年通过国家品种审定，并在毗邻省区的奶山羊基地批量推广。

崂山奶山羊体质结实，结构匀称、公、母羊多无角，后躯及乳房发育良好，全身被毛白色。公羊体高 83 厘米、体长 92 厘米、体重 80 千克；母羊相应为 71 厘米、74 厘米和 45 千克。产奶量

450～800 千克，最高日产 9.3 千克，乳脂率 4％左右。成年母羊屠宰率平均为 41.2％，净肉率为 29％；6 月龄公羔屠宰率和净肉率分别为 43.4％和 29.4％。该品种奶山羊 5 月龄达性成熟，7～8 月龄配种。情期受胎率为 87％，产羔率为 170％，多产双羔。该品种奶山羊对潮湿的气候条件有良好的适应性。

（4）文登奶山羊　主要分布于山东省文登市界石、葛家、晒字、小观、泽头、米山等镇，以及相邻的荣成、乳山、环翠等市。文登奶山羊在我国饲养历史已有百余年，1979 年开展了有计划的杂交改良和系统选育工作。经过多年的杂交选育，现已形成了遗传性能稳定、乳用特性较好、体格较大、外貌特征一致、适应性强的群体。2009 年通过国家品种审定。

文登奶山羊全身被毛白色、较短。乳用特征明显，体质结实，体格较大。公、母羊无角者较多。公羊有角者显粗壮，呈倒"八"字形，稍向后弯曲；颈较粗，前胸丰满，四肢健壮。母羊头长、颈长、体长和腿长；角细，呈倒"八"字形或弯角形，向后弯曲为半月状；多数母羊颈下有肉垂；前胸较宽，肋骨开张良好，背腰平直，腹大而不下垂；乳房丰满，呈方圆形，皮薄红润，基部宽广，乳静脉弯曲明显。

文登奶山羊公羊体高 83 厘米、体长 99 厘米、体重 81 千克；母羊相应为 73 厘米、87 厘米和 56 千克。产奶量 800 千克左右，羊奶干物质含量为 12.6％，其中含粗脂肪 4.0％、粗蛋白 3.8％、粗灰分 0.7％。该品种奶山羊性成熟期 4～6 月龄，初配年龄 7.5 月龄，公羊为 12 月龄。母羊多在 8～12 月发情，发情周期为 18～21 天，发情持续期为 1～2 天；妊娠期 150 天，产羔率为 185％～203％。

（5）雅安奶山羊　原产于四川省雅安市西城区，主要分布于凤鸣、陇西、姚桥、对岩、北郊、南郊、下里、中里等乡镇。自 1970 年以来，先后用西农萨能奶山羊及英系萨能奶山羊杂交选育而成。

雅安奶山羊被毛白色、粗短、无底绒，皮肤呈粉红色，部分羊有黑斑。体格高大，结构匀称。头较长，额宽，耳长、伸向前上方。有角或无角，公羊角粗大，母羊角较小，角呈蜡黄色，微向后、上、外方向扭转。公、母羊均有须。公羊颈部粗圆，多数有肉垂；母羊颈长、清秀。胸宽深，肋骨开张，背腰平直，腹大、不下垂，尻长宽适中、不过斜。母羊乳房容积大，基部宽阔，乳头大小适中、分布匀称、间距宽，乳静脉大、弯曲明显。四肢结实、肢势端正，蹄质坚实。

雅安奶山羊公羊体高 83 厘米、体长 95 厘米、体重 92 千克；母羊相应为 69 厘米、79 厘米和 49 千克。产奶量 690 千克左右，乳脂率为 3.5%。该品种奶山羊公羊 5 月龄有性行为，母羊初情期在 4 月龄左右。配种年龄公羊 1.5 岁左右，母羊 8～12 月龄。母羊常年发情，多集中在 9～11 月配种；发情周期为（20.4±4.5）天，妊娠期为（150.2±2.7）天；年产一胎，平均产羔率 186.31%。初生重公羔（3.3±0.5）千克，母羔（3.0±0.6）千克。羔羊成活率为 95.9%。

43 怎样选择良种奶山羊？

（1）年龄　根据用途和生产需要，良种奶山羊一般选择青年羊和 1～2 岁的成年羊。

（2）体型外貌　公羊要求雄性明显，四肢健壮，高大雄伟，头大额宽，眼有神，嘴齐，鼻直、鼻孔大，颈粗壮，体质结实，胸宽，睾丸大、左右对称；母羊要求清秀，头颈长，乳房容积大、基部附着宽广、乳头大小适中、乳静脉粗大而弯曲，皮薄，毛稀，四肢结实，后躯宽广。

（3）泌乳性能　第一胎产奶量不低于 400 千克，乳脂率保持在 3.5%左右，总干物质率在 11%以上。

（4）健康无病　根据资料记载和生产性能选择健康无病的羊只。

44 奶山羊选种有哪些方法？

（1）个体表型选择　通过个体品质鉴定和生产性能的测定结果来选择。

（2）系谱选择　根据奶山羊公羊的祖先成绩和表现来判断遗传品质的优劣。

（3）半同胞测验　根据羊群中现有羊只的半同胞成绩来估计种羊的育种值，判断其优劣。

（4）后裔测验　通过对后代生产性能和品质特性的评定等来确定种羊的育种价值。

（5）指数综合选择　把几个不同性状资料按其遗传和经济重要性，利用多元回归的原理合并成一个相当于综合育种值的指数，并以此指数大小进行选择。

45 如何阶段选择良种奶山羊？

阶段选择就是在不同生理时期、不同生长发育阶段，以该阶段的"标志"性状为主，通过间接相关原理对目标性状进行选择。几个阶段的连续选择可以获得最大的选择差和最大遗传改进量，是生产实践中一种可靠而经济的选种方法。

奶山羊选择一般分为三个阶段。第一阶段在羔羊断奶后，这是最基本、最关键的一步。由于这一阶段选择强度大，因此要有充分的依据，才能决定是否选留。第二阶段在配种前，主要淘汰发育较差和难配的个体。第三阶段是在产羔 90 天后，这是一次按照本身性能进行的决定性选择，选留作为种用的个体。

（1）断奶后选择　这一阶段主要选择种公、母羊发育良好的个体。公羔的外貌应达到特级和一级，二级以下不作种用，留种率大约为 10%。母羔应在血统分析的基础上，主要选择具有良好乳用体型的个体。与乳用体型关系密切的性状有断奶重、体高和体斜长，可应用这些指标构造选择指数进行选择，外貌等级可放宽到二级或三级，留种率为 30%～40%。

（2）配种前选择　公羊主要选择生长发育快和性发育良好的个体；生长发育指标可通过比较留种羊确定，性发育情况应通过精液品质检查及性反射检验确定，该阶段的留种率为 50%。配种前青年母羊可根据胸宽、腰角宽、腹围和体重指标构造选择指数进行选择，该阶段母羊选择强度不大，留种率约为90％。

（3）产羔后90天选择 指根据产奶量、乳脂率和乳中干物质组成的选择指数进行优秀母羊的选择。公羊选择应按其育种值大小排队，择优选种。

经过以上三阶段的选择，留种率公羊约为5％、母羊约为25％，可根据不同育种要求和群体规模作适当调整。选种之后留种者必是理想的个体，不仅选择的准确性大大提高，而且可以获得最大遗传进展和最大经济收益。

46 怎样进行奶山羊线性外貌评定？

线性外貌评定是对每一只羊的主要线性性状，按照1～50分制进行客观评定。50分制是指一个特定性状从一个生物学极端到另一个生物学极端的度量范围。线性评定者的任务是确定它在两个生物学极端中实际处于什么状态，亦即在50分制中应该得多少分，这是不同于以往采用的外貌鉴定方法的根本所在。线性外貌评定方法的实质是确定一只羊究竟是什么样，而不是确定它应该是什么样。由于此方法能客观评定某一性状由父亲遗传给后代的实际情况，因此线性性状的评定资料，对种公羊的测定非常有用。

奶山羊线性外貌评定方法包括以下内容。

（1）性状评分 由13个主要线性性状和1个次要线性性状组成。评定者要对每一个性状在两个生物学极端范围内，按照50分制作出客观评定。这些线性性状的评分资料加上最后评分是进行种公羊测定的重要依据。

① 体高 奶山羊体高这一线性性状的生物学范围是从极端矮（体高等于或小于60厘米）到极端高（体高大于或等于87厘米）。测量体高时是从地面到鬐甲顶点的高度，要求被测奶山羊姿势端正，以减少误差。体高值越小，得分越少；反之，得分越多。

② 强壮度 奶山羊强壮度这一性状的生物学范围是从体躯极端窄而瘦弱到极端宽而强壮。评定强壮度这一性状主要是通过观察胸围和胸深、鼻镜宽度及母羊前躯骨骼结构来确定。得分越高，说

明母羊保持高产水平和良好健康状况的能力越强。

③乳用特征 这一性状的两个生物学极端下限是骨骼极端粗圆，体型极端粗糙；上限是骨骼细而平整，体躯棱角突出，轮廓明显。评定这一性状时主要观察：骨骼的棱角和平整度，肋骨的开张程度和角度，颈的长短和宽窄，肋的深浅和形状，大腿内弯程度，肌肉附着程度，雌性特征是否明显及体型的清秀程度，皮肤的光洁度和弹性，乳镜部位的形状等。这一性状得分越高，说明母羊的产奶能力越强。

④尻角 尻角性状的生物学下限是极端斜尻（臀端到腰角的倾斜角度等于或大于 45°），生物学上限是平尻（亦即臀端到腰角的倾斜角度小于或等于 5°）。由于尻角影响母羊胎衣的正常排出，因此该性状与母羊的繁殖性能有直接关系。鉴定时，让母羊走动，并从侧面观察母羊臀端到腰角的倾斜度。倾斜度越大，得分越少；倾斜度越小，得分越高。

⑤尻宽 这一性状的生物学下限是极端窄尻（亦即髋骨宽小于或等于 12.7 厘米），生物学上限是极端宽尻（宽大于或等于 23 厘米）。尻宽与易产性有关，尻部越宽则产羔越顺利。评定这一性状主要是通过测量髋宽来确定得分。

⑥后腿侧观 这一性状的生物学下限是极端直腿（后腿直而且后踏），生物学上限是极端弯曲（飞节至蹄的夹角很小）。这一性状通过肢势表现出其对腿蹄部耐力的影响。鉴定人员通过侧面来观察后肢肢势，以确定给分多少。后肢越直、越后踏，得分越低；后肢从飞节至蹄的角度越大，得分越高。

⑦前乳区附着 这一性状的生物学下限是极端松弛，生物学上限是极端紧凑、结实。鉴定人员通过观察乳房外侧韧带来确定前乳区附着的坚实度。

⑧后乳区高度 这一性状的生物学下限是极端低（外阴部到后乳房附着点之间的距离大于或等于 15 厘米），生物学上限是极端高（外阴部到后乳房附着点之间的距离小于或等于 5 厘米）。评定这一性状主要是通过度量外阴部到后乳房附着点之间的距

离。另外，后乳房与乳镜之间在毛发和皮肤颜色上的差异也是一个很重要的评定项目。此性状可以反映奶山羊母羊潜在的贮奶能力。

⑨后乳区宽度和形状 后乳区宽度的生物学下限是极端窄且呈尖角状弯曲，生物学上限是极端宽而呈曲线状弯曲。评定这一性状主要考虑两个方面，即后乳房附着处的宽度和形状。这一性状可以反映母羊潜在的产奶能力，因此是一个很重要的性状。

⑩乳房中央悬韧带 这一性状的生物学下限是乳房底部膨大突出，左右两乳区之间没有空隙；生物学上限是两乳区之间的空隙大于或等于7厘米。评定这一性状主要是通过测量乳房底部左右两乳区之间的空隙大小来确定。中央悬韧带的强弱直接影响乳房的悬垂状况，对乳房主要起支撑作用。中央悬韧带强而有力，可使乳头位置适当，使乳房高悬，减少损伤，因此对挤奶非常有利。

⑪乳房深度 这一性状的生物学下限是乳房底部都位于飞节以下5厘米处，为极端下垂乳房；生物学上限是乳房底部在飞节以上15厘米，处为极端浅乳房。乳房越低，得分越少；乳房越高，得分越多。评定乳房深度是通过测量乳房底部相对于飞节的位置。虽然一定的乳房深度有利于乳房容积，但乳房太深容易引起损伤和乳房炎，也不便于母羊行走。

⑫乳头位置后观 乳头位置后观的生物学下限是两乳头相距极端宽且两乳头位于两乳区外侧，生物学上限是两乳头相距极端窄且两乳头位于两乳区内侧1/3处。两乳头间距越大，得分越少；间距越小，得分越多。评定这一性状时，要从母羊的后面观察乳腺的位置，通过两乳头相对于乳区中心的距离来确定得分多少。

⑬乳头直径 乳头直径的生物学下限是直径等于或小于1.3厘米，为极窄型乳头；生物学上限是直径大于或等于6.4厘米，为极宽型乳头。评定这一性状时主要通过测量乳头基部的直径大小，鉴定时要求从羊的后端进行测量。

⑭后乳区侧观 该性状的生物学下限为极端平而缺乏容积，生物学上限为极端膨胀而外突。评定这一性状时，羊的姿势要端正，

鉴定者从侧面对后乳区进行评定。后乳区侧观是一个次级线性性状。

（2）评分尺度　评定者对羊体 6 个主要功能部位进行评定，这 6 个部位分别是头部、肩部、腿部、蹄部、背部和乳房质地。评定时主要参照品种标准和该品种的外貌鉴定标准，采用的评分尺度是：①良好，指发育正常且没有任何缺陷；②一般，表示发育基本符合要求，没有大的缺陷，亦即符合要求的 90% 左右；③不良，指生长发育存在一定的缺陷，亦即符合要求或满意程度为 70%。

（3）外貌等级评定　评定者从 4 个主要方面进行鉴定，即一般外貌、乳用特征、体躯容积和泌乳系统。对这 4 个方面鉴定时采用 6 级记分制：优秀（EX），90～100 分；良好（VG），85～89 分；较好（G＋），80～84 分；好（G），75～79 分；一般（P＋），65～74 分；差（P），50～64 分。公羊的评定除泌乳系统这一项外，其余与母羊的相同。然后根据上述 4 个方面的评定结果，确定该羊的最后得分。

最后评分　能反映一只羊所能达到的完美程度，主要依据计算原则是：一般外貌评定标准，母羊占 30%、公羊占 45%；乳用特征评定标准，母羊占 20%、公羊占 30%；体躯容积评定标准，母羊占 20%、公羊占 25%；泌乳系统评定标准，母羊占 30%。具体如下：

① 一般外貌评定标准　在评定一般外貌时，评定者要分析奶山羊的整体结构、体高、强壮度和骨骼轮廓、背部发育、尻宽、尻角和腿蹄部结构。由于腿蹄部对奶山羊的健康状况具有重要意义，因此该项应为一般外貌评定的重点。评为优秀或良好的奶山羊母羊，必须具有乳用奶山羊的优秀体型，并表现出精力充沛、舒展而高大、健壮的体格，给人以曲线流畅、优美的感觉，楔形体形明显，头部清秀。与此相反的则被评为差或一般，质量中等的评为好或较好。

② 乳用特征评定标准　评定时，要求认真观察奶山羊颈、鬐甲、脊椎、肋骨、腰角、臀角和大腿部的骨骼结构。评为优秀或良好的奶山羊母羊应当轮廓明显、棱角清晰、体型清秀、膘度适中，

同时骨骼坚实而细致；颈部要求长而清秀，与肩部结合处自然平整，肩胛轮廓分明；脊椎骨宽而突出，肋骨要求长、宽、偏平；肋骨间距适中；腰角要十分突出，轮廓清楚；臀角要突出，大腿部要坚实有力，弯曲得当。如果奶山羊母羊的上述表现为中等水平，则可被评为较好，这样的奶山羊母羊产奶量可能很高，但稳定性比较差；评为好和一般的奶山羊母羊，体型大都粗糙笨重。由于脂肪沉积过多，看上去很丰满（另外体型过分紧凑的羊也属于这两级）、表现为头短而粗重、颈粗短、肩部粗糙而结构不匀，鬐甲宽阔、肥厚，肋骨轮廓不清，肋骨间距很小，腰角丰满，臀角有脂肪隆起，大腿粗而多肉，直而不弯。

③ 体躯容积评定标准　评定时要考虑到奶山羊羊体总容积或体尺，包括胸围、腹围、体长、体宽和体深。体躯高大、强壮有力的奶山羊采食饲料特别是粗饲料的能力强，是比较理想的体躯。如果在体躯容积方面无严重缺陷，但以上特征有所不足，尤其是肋部开展不太好时，可评为好或较好。有胸部狭窄、胸围较小、体格瘦弱、体型粗糙，乳用特征不明显，前后肋骨短、间距小、躯体短、粗等明显缺陷的母羊，只能评为一般或差。

④ 泌乳系统评定标准　评定时应着重考虑前后乳区状况，乳房悬垂及乳房底部状况、乳房质地、乳头大小及位置。理想的乳房应附着良好、结构匀称、容积大而适度和深度适中、乳区分明、手感良好。达到这些标准的一般可评为优秀或良好。这些特征表明母羊泌乳性能好，高产持续时间长。乳房短而膨胀，前乳区附着松弛，后乳区低窄、萎缩的，可评为一般或差。介于上述两种之间的，可评为好或较好。

47 什么是品质选配？

根据个体间品质的异同进行的选配，可分为同质选配和异质选配。

（1）同质选配　指选用性状相同、性能表现一致或育种值较高的优秀公、母种羊配种，以期获得具有双亲优良性状的优秀后代。

选配双方优点愈相似，愈有可能将共同的优秀品质遗传给后代，巩固和发展这一优点，能获得稳定遗传的品种。

（2）异质选配　指选择在主要经济性状上有不同特点的公、母羊交配。目的在于结合双方的优点，创造新的类型；或以一方的优点纠正和改进另一方的缺点，求得后代在主要品质上达到理想型。

同质选配和异质选配是相对的，在某些方面是同质，在其他方面是异质。具体运用时应密切配合，灵活使用。长期的同质选配能增加群体中遗传性稳定的优良个体数量，为异质选配提供良好的基础；而异质选配的后代群体，应及时转入同质选配，使新的性状得以稳定，这样才能不断提高和巩固整个羊群的品质。

48 什么是亲缘选配？

就是考虑交配双方亲缘关系远近的选配，双方亲缘关系较近者叫近亲交配，简称近交；反之，叫非亲缘交配或远亲交配，简称远交。在奶山羊的育种工作中，一般认为共同祖先到交配双方的代数总和不超过 6 者即是亲缘选配，超过 6 者即为非亲缘选配。

亲缘交配是获取那些控制各种优良经济性状的纯合型等位基因的有效育种方法。反之，如果某些隐性等位基因所控制的性状不但没有经济效益而且还有害的话，通过亲缘交配使之早日暴露并加以清除，对育种工作也是有益的。

49 奶山羊选配时要坚持哪些原则？

奶山羊选配，应坚持以下原则：

（1）等级选配　以优配优，以中配中，以中配差，不能采取"拉平"的办法。一般而言，公羊的综合等级或育种值应高于母羊，不允许等级高的母羊与等级低的公羊交配。

（2）年龄选配　由于公羊的年龄对后代的影响很大，因此选配时要适当考虑双方的年龄。幼龄羊所生后代具有晚熟、生活力差、生产性能低及遗传性不稳定等特点；壮年羊后代机体机能完善，具有遗传性比较保守且相对稳定、生活力强、生产性能高等特点；老龄羊后代有高度的早熟性，但生长停止也比较早，主要器官发育不全，生活力下降，并且遗传上也不稳定。因此，选配时要注意年龄，青年公羊与成年母羊交配，成年公羊与青年母羊交配，成年公羊与成年母羊交配，成年公羊与老龄母羊交配；不允许年幼的公羊与年幼的母羊、年老的公羊与年老的母羊交配。

（3）个体选配　对较小的羊群或育种核心群（类群或品系），可根据育种目标，分析每只公、母羊在生产性能及外貌上的优缺点，制订全年的个体选配计划。若要安排优秀的公、母羊配种的，则要按年龄和等级选配要求逐只审定。

（4）群体选配　对超过60只基础母羊的羊群，就要进行群体选配。首先将准备参加配种的母羊按编号列出；然后根据当时育种要求，按母羊的生产力、体型外貌存在的主要问题归类，将不同年龄、类型的母羊进行等级划分，根据育种要求和主要经济性状选择主配公羊和次配公羊。但对每只公羊来说，与配母羊不能过多，一般以20～25只为宜。

50 什么是纯种繁育？

纯种繁育即同种群选配，选择相同种群的个体进行配种。"纯种"是指家畜本身及其祖先都属于同一种群，具有种群特有的形态特征和生产性能。级进到四代以上的高血杂种，只要特征性能和改良种群基本相同，也可当作纯种。纯种繁育可巩固遗传性，使种群固有的优良品质得以长期保持，并可迅速增加同类型优良个体的数量，使群体水平不断稳步上升。

纯种繁育与本品种选育既相似又不相同。前者强调保纯，后者不仅包括育成品种的保纯，而且包括某些品种和品群的改良和提高，因此不排除某种程度的小规模品系杂交。养羊业中的纯种繁育实质上具有本品种选育的涵义。纯种繁育过程中，为了提高品种的生产性能，在不改变品种生产方向的前提下，可以采取品系繁育、引入外血和血液更新3种方法。

51 什么是品系繁育?

品系繁育是促进品种不断提高和发展的一项重要措施。品系是在品种内有共同特点,彼此有亲缘关系的个体组成的遗传性能稳定的群体。奶山羊生产中,往往有几个性状需要提高,如产奶量、乳脂率等。考虑的性状越多,各性状的遗传进展就越慢。若分别针对各性状建立品系,然后通过品系间杂交,再把几个性状结合起来,建立新的品系,就能达到提高品种性能的目的。

品系繁育分为三个阶段,主要包括建立基础群、闭锁繁育和品系间杂交。

(1) 建立基础群 根据畜群情况、育种需要和品系特点确定,一般分为按血缘组群和性状组群两种方法。按血缘组群时先将羊群进行系谱分析,选留优秀公羊后裔作为建立品系的基础群。根据性状表型建立基础群的方法简便易行,适用于遗传力高的性状。

(2) 闭锁繁育 闭锁繁育是把基础群封闭起来,不再引入公羊,而在基础群内选择公、母羊交配。逐代淘汰劣质羊,巩固其遗传性。闭锁繁育不是单纯的自群繁殖,必须加强选种选配,每代都要根据品系特点选择。选配上主要利用群体选配,最优秀公羊可多配母羊,较差公羊则少配,同时避免过分近交。

(3) 品系间杂交 品系间杂交存在杂配组合问题,因为进行杂交的两个品系都是经过长期同质选配的,遗传性比较稳定。因此,结合两个品系特点的杂配,容易达到目的。

52 什么是血液更新?

引用同一品种不同血缘的公羊改进羊群品质的方法称为血液更新,这是提高本群体生产水平的一个有效方法,在羊群存在以下 3 种情况时使用。

(1) 羊群比较小,长期封闭育种使得羊群中的个体都和某一头公羊有亲缘关系,并且已经发现由于近亲繁殖而产生不良影响时可进行血液更新。

（2）一个品种进入到一个新的自然环境中，在产奶性能等方面表现某些退化时，可再引入该品种生产性能高的公羊更新血液。

（3）一个品种羊群，其生产性能达到一定水平以后，呈停滞状态不能再提高时，可引入其他羊场生产性能较高的同一品种公羊进行血液更新。

53 什么叫杂交？奶山羊杂交育种有何优点？

杂交是指不同品种公、母羊之间的交配繁殖，杂交所生后代为杂种。杂交可以丰富动物遗传类型，增加羊群中杂合基因型频率，减少纯合基因型频率。

奶山羊育种工作中，常利用杂交手段引进高产基因，改造低产品种，提高生产性能；甚或选择出新的优秀类型，通过横交固定，从而育成新品种。杂种后代根据其所含父系改良种血液量的不同，而分为一代（50%）、二代（75%）、三代（87.5%）、四代（93.8%）……杂种后代特别是杂种一代，能表现出抗病力强、生活力好、生长发育迅速、生产性能高等多方面的优点，杂种优势明显，因此杂交既有利于生产也有利于育种。

54 什么是级进杂交？

级进杂交又称吸收杂交或改造杂交，其中两个品种杂交，从第一代开始的各代杂种母羊继续与改良品种公羊交配，到3～5代时其杂种后代的生产性能基本上与改良品种公羊相似，级进杂交也并非将原来的品种变成改良品种的复制品，而需要创造性地应用。

利用级进杂交也能育成新品种，但若原来品种和改良品种原产地之间的自然条件或饲养管理条件相差很大或选种工作做得差，也可能导致杂交失败。当改良种对饲养管理条件的要求较高，或对当地生态条件的适应性较差时，也不能达到预期目标。

55 什么是育成杂交？

育成杂交即杂交育种，是培育家畜新品种的主要方法。这种育种方式大体上分为杂交创新阶段、横交固定阶段和扩群提高阶段三个阶段。这三个阶段不能截然分开，往往是交错进行的。育成杂交方法有许多种，其中包括简单杂交育种和复杂杂交育种。

简单育成杂交是通过两个品种羊的杂交来培育新品种的方法。该法所用品种少，杂种的遗传性比较稳定，因此培育速度较快，时间短、成本低。但对所用杂交品种的个体选择一定要慎重，选配方式和培育条件也要有助于育种目标的完成，这样就能很快而且较好地培育出优良新品种。

复杂育成杂交是三个或三个以上品种杂交来培育新品种的方法。根据育种目标的要求，选择两个品种仍然达不到要求时，可用多个品种，以丰富杂种后代的遗传基础。但也不能使用过多的品种，以免造成杂种后代变异范围增大，培育时间延长。

56 什么是经济杂交？

经济杂交是利用两个品种的一代杂种供商品生产之用，不作种用。经济杂交时，并不是任意两个不同品种杂交都可以取得良好的效果，因此要进行不同品种的杂交试验，找出合适的杂交组合。在生产中常采用三四个品种轮回杂交，或至少用三四个父本品种进行连续杂交。在生产中利用经济杂交时，最好进行品种间的配合力测定，选择理想的杂交组合；未曾用试验证明的杂交组合，在采用时应当慎重。

57 奶山羊育种时为什么要引入外血？

引入外血就是将优秀奶山羊品种的血液导入另一品种体内的一种育种方法，也称为导入杂交。引入外血前，首先要对原有品种的特点进行细致分析，确定保留或提高的性状，然后选择合适的引入品种（该品种应具有克服原品种缺点的突出表现）。

引入外血的方式和引血量应根据具体情况决定。引血量要达到引血目的而又不改变原来品种的主要生产性能和体质类型，后代在自群繁育过程中又不出现性状分离。引血的同时，应注意改善引血羊的饲养管理条件，增加引血后种羊群体生产性能改善的幅度。

58　什么是常规育种方法？

常规育种方法主要是指根据表型值进行的本品种选育、简单或复杂杂交、最佳组合选择、横交固定、选择指数、育种值无偏估计等技术措施。该育种方法有简单易行、容易操作等优点，但存在育种速度缓慢、所需群体较大、选择准确性不高、效率低等缺点。随着数量遗传学理论的发展，借助统计学的方法将性状的表型值进行剖分，估计出可以真实遗传的育种值，可提高选择的准确性和效率，使得育种值的估计可以充分利用不同亲属的信息，在考虑场、年度及其他环境效应作用的基础上，预测出个体的育种值，从而科学地指导育种工作。

59　现代动物育种技术包括哪些方面？

现代动物育种技术包括冷冻精液和人工授精技术、超数排卵和胚胎移植技术、胚胎分割和冷冻技术、克隆技术、胚胎干细胞技术、性别鉴定技术、XY精子分离技术、分子标记辅助育种技术、数量性状位点定位技术、转基因育种技术、免疫遗传和抗病育种技术等。上述技术中的克隆技术、胚胎干细胞技术、数量性状位点定位技术、转基因育种技术等目前在国内外仍处于研究阶段，到生产应用尚有一定距离。

60　奶山羊引种时应注意哪些问题？

（1）明确引种目的　考虑引进羊的品种、用途和生产性能。

（2）考虑引入羊的品种适应性　引种时，不仅要考虑羊品种本身的经济价值，而且要了解引进羊的生物学特性及是否适宜本地条件。

（3）了解羊个体特征　引进品种的个体必须符合本品种的特征、外形等要求。引进的个体必须健康、生长发育快、生产性能好，但个体间一般不能有亲缘关系。公羊最好不要来自同一品系。

（4）群体引入　引种时可选择同一群的奶山羊，以便引入当地后易于饲养管理，减少应激反应。

（5）考虑引种羊的畜群结构　引种时不宜引同一胎次、类型的羊，应按合理的比例搭配进行引种。成年羊、青年羊、羔羊引进时的比例为 3：1：1，公羊和母羊引进时的比例为 1：（20～30）。引进羊的最佳年龄为 1～3 岁，怀孕羊的妊娠时间不要超过 2 个月。

（6）严格执行检疫制度　不从疫区引羊，对选好的羊进行检疫，运回后要隔离观察 30 天，防止疾病传入。

（7）选择最佳引种时间　引种调运时，要注意原产地与引入地季节和气候的差异。例如，由温暖地区引种到寒冷地区，则不宜在冬季进行；寒冷地区引种到温暖地区，则不宜在夏季进行，一般秋季引羊最好。秋季气候凉爽，饲草丰富，羊发病率低，奶山羊母羊多处在怀孕初期。

（8）科学安全的运输　羊装车前，先把羊喂饱，并让其饮足水。装羊时，要将羊按大、小、公、母分开，小羊在前。长途运输中要经常给羊饮水，多给其饲喂优质干草和适量青绿饲料，少喂精饲料。白天温度高时，要选择夜间行车。途中做到"五慢二快"，即开始慢、路坏慢、过城市慢、上坡慢、下坡慢，好路快、中途快；同时，要经常停车检查羊的状况，以防羊被压死。

五、奶山羊营养需要

61 奶山羊需要哪些营养物质？

营养是用来维持生命、生长、发育、泌乳、繁殖等所需要的物质。奶山羊所需要的主要营养物质有 6 种，即蛋白质、碳水化合物、脂肪、矿物质、维生素和水。除水外，其他营养物质均须由饲料供给。

62 什么是干物质采食量？

干物质是奶山羊对所有固形物质养分需要的总称，在奶山羊营养需要中极为重要。通常奶山羊的干物质采食量占其体重的 3％～5％，最高可达 8％。一般空怀不泌乳奶山羊，干物质采食量占其体重的 2.5％～3％；在生长期或产奶期，其干物质采食量有所上升，可占体重的 3％～5％；每产 1 千克标准奶（乳脂率 4％），则需 0.4 千克干物质。

干物质采食量在奶山羊的一定生理、生产时期应保持相对稳定。奶山羊在不同情况下的采食量，取决于其个体特点（如年龄、生理阶段、体重、生产水平、健康状况）、饲料的适口性、消化率、营养浓度、饲喂方式及外界气候环境条件（如温度、通风）等。通常奶山羊的年龄小、生产性能高、饲料的适口性好，对干物质的采食量就越大。另外，奶山羊干物质的采食量与饲料的水分含量、中性洗涤纤维含量、饲料的精粗比例也有一定的关系。

干物质采食量是奶山羊一个主要的饲料营养指标，饲喂奶山羊应严格综合考虑干物质的供给量。日粮营养浓度过高时，虽然能够满足奶山羊的营养需要，但干物质采食量不足时则会引起奶山羊躁动不安。日粮营养浓度过低，奶山羊虽有饱感，但养分摄入量不能满足需要，会影响奶山羊生产性能的发挥。配制奶山羊的饲料，不仅要考虑各种营养物质的平衡供给，还要考虑奶山羊对干物质的需求，因此应合理协调饲料的营养浓度。

63 蛋白质对奶山羊有什么作用？

蛋白质是组成家畜各种器官的物质，是家畜生长发育不可缺少的，具有修补肌体损伤和更新衰老细胞的作用。蛋白质缺乏会导致羔羊、青年羊消瘦，发育受阻；成年母羊产奶量下降，繁殖力降低，容易产死胎和畸形胎，胎儿发育不良、贫血；公羊性欲低下，精液品质差，与配母羊受胎率降低。大豆饼、花生饼、菜籽饼等中的蛋白质含量在40%左右，是饲料中蛋白质的主要来源。

64 碳水化合物对奶山羊有什么作用？

碳水化合物又叫糖类，由碳、氢、氧3种元素构成，可分为无氮浸出物和粗纤维两大类，是供给羊体热能和机械能的主要来源。同时，这类营养物质参与体内器官构成，合成必需氨基酸、乳糖和乳脂。玉米、高粱、薯类中碳水化合物的含量较多。

65 脂肪对奶山羊有什么作用？

脂肪和碳水化合物一样，主要是为机体提供热能。脂肪可保护内脏，减少体热散发，能溶解维生素 A、维生素 D、维生素 E、维生素 K、雌素酮和孕酮等，是羊乳的主要成分之一。豆类、油饼类饲料和动物性饲料中的脂肪含量较多。

66 矿物质对奶山羊有什么作用？

矿物质是组成机体和细胞的必需元素，特别是形成骨骼的钙和磷。奶山羊体内如果缺乏矿物质，则会出现食欲减退、生长停滞、异食、消瘦等。另外，矿物质还可调节血液和淋巴液渗透压，对消化酶有催化作用，增加消化吸收能力，可调控饲料养分的代谢，确保动物的免疫力正常。饲料中添加矿物质元素有利于奶山羊的生长发育。

67 维生素对奶山羊有什么作用？

维生素对机体神经调节、能量转化和组织代谢的作用很大。奶山羊缺乏维生素 A，生长发育会停滞，繁殖力会下降；缺乏维生素 D，就会影响钙、磷的吸收，引起佝偻病。奶山羊需要的维生素可以从饲料中获得，只要给其饲喂足够的青干草、青贮饲料和青绿饲料，就可满足生长发育和生产所需要的维生素。

68 水对奶山羊有什么作用？

动物体内含有 55%～60% 的水分。水对动物体具有调节体温、运输养分、保持体型、排泄废物、帮助消化吸收、缓解关节摩擦、促进新陈代谢等作用。当体内失去 10% 水分时，动物就会感到不适，失去 20%～25% 的水分时就会危及生命。特别是炎热的夏季，一定要供足饮水。奶山羊以产奶为主，而羊奶中的水分含量为 88% 左右，因此在产奶期给其提供充足的饮水十分重要。

69 奶山羊维持生命需要哪些营养？

奶山羊维持正常生命活动所需的营养称为维持需要。例如，空怀母羊，虽然不生产，但必须维持其正常的消化、呼吸、循环、维持体温等生命活动，故需从饲料中吸收碳水化合物等营养物质，然后经过代谢产生热能，以维持最低消耗和需要。奶山羊需要的热能与其活动程度有密切关系，舍饲条件下消耗的热能往往比放牧时少 50%～100%。维持营养中，蛋白质占重要位置。体内各种酶、内分泌活动、各组织器官的细胞更新等均需要蛋白质。奶山羊的维持营养中维生素 A、维生素 D、钙、磷等都是必需的。如果缺少，就不能维持体组织器官的正常活动。50 千克活重的空怀成年母羊，每天需要维生素 A 约 4 500 国际单位、维生素 D 600 国际单位，另外还需要从饲料中吸收 5.6 克钙和 3 克磷。

70 *奶山羊生长发育需要哪些营养？*

奶山羊羔羊从出生到配种，生长及发育速度很快，经历哺乳阶段和育成阶段，新陈代谢旺盛，因此对营养的要求较高。

奶山羊羔羊哺乳期通常为 2～4 个月，哺乳前期的营养主要靠母乳，哺乳后期的营养靠部分母乳和饲料。哺乳期羔羊平均日增重可达 150～200 克，对补充的蛋白质质量要求高。进入育成期的羔羊主要从饲料中摄取营养物质，生长发育速度没有哺乳期的快。育成期奶山羊一定要保证蛋白质、钙、磷、维生素 A、维生素 D 等的供应，以满足躯体发育和骨骼迅速生长的需要。

生长发育阶段奶山羊的营养充足与否，直接影响其乳用型和体重。育成阶段的奶山羊营养应先好后差，以促进早期组织发育的生长，抑制晚期发育的组织和部位。一般四肢长而胸腔窄浅的成年母羊是由于羔羊哺乳期时营养好，但育成期营养差造成的。这种体型一旦形成，将会影响其生产性能，即使以后再加强营养也不能得到补偿。

71 *奶山羊妊娠母羊需要哪些营养？*

奶山羊妊娠母羊需要足够的营养供应，一方面是为了满足胎儿生长发育的需要，另一方面也要为泌乳期贮备营养物质。妊娠奶山羊母羊营养不足则会造成早期流产或胎儿被吸收。胚胎在奶山羊母羊妊娠前期发育较慢，为初生重的 10％左右；妊娠后期发育很快，对营养物质的需要量也很大。胚胎各部分的发育有阶段性，营养物质不足可能引起胎儿畸形或发育不良，而且这些后果在羔羊出生后很难纠正过来。妊娠期，奶山羊和胎儿的总增重可达 6～9 千克，双羔或三羔的可增重 12～15 千克。胎儿发育过程中需要的蛋白质较多，纯蛋白质总量可达 1.5～2.2 千克，其中 80％是在妊娠后期积蓄的。奶山羊母羊妊娠后期热能需要量比不孕奶山羊母羊高

15％～20％，因此也应提供一定量的能量物质；钙、磷的需要量也较大，体重 50 千克妊娠奶山羊母羊需要钙 9 克、磷 4～5 克；另外，维生素 A 和维生素 D 也不能缺乏，否则所产羔羊身体软弱、抵抗力差，母羊瘦弱、产奶量不高等。

72 奶山羊产奶期需要哪些营养？

奶山羊产奶期的营养需要取决于泌乳量和乳成分。羊奶中脂肪含量与热能密切相关，泌乳期的奶山羊母羊对能量的需要量仅次于水。这些能量主要来自于饲料中的各种营养物质，特别是碳水化合物饲料。如果饲喂量不足，营养不全，能量供应低于产奶需要，则产奶山羊会将自身的营养转化为能量，来维持泌乳需要，母羊的体况和产奶量就会急剧下降，严重时会发生疾病。

奶山羊产奶母羊除需要大量能量外，还需要蛋白质。日粮中缺少蛋白质时，产奶母羊食欲不振，体况下降，抗病力下降，产奶量降低。日粮中蛋白质过剩时，不仅造成浪费，同时也使肾脏负担过重，尿氨量增加，健康受损，利用年限缩短。产奶母羊的日粮中能量和蛋白质之间存在一定的关系，称为"能蛋比"。日粮中的"能蛋比"失去平衡时，奶山羊产奶量降低，体况变差。

高产母羊从乳中排出的矿物质的量很大。奶山羊产奶山羊日粮中矿物质饲料所占比重虽然很小，但对机体正常代谢的作用很大。奶山羊骨骼和奶的形成均需要钙、磷等矿物质元素。日粮中钙、磷配合比例不当，会使母羊在泌乳期出现钙的负平衡，引起机体代谢失调，给生产带来严重损失。日粮中食盐供应不足时，奶山羊母羊食欲减退，产奶量减少，体重下降，出现啃土舔墙等异食现象。另外，还应注意硒、碘、铜等矿物质元素和维生素等的供应。

六、奶山羊常见饲料及调制

73 奶山羊的饲料原料有哪几类？

奶山羊的饲料原料根据来源可分为植物性饲料、动物性饲料、矿物质饲料和其他饲料，奶山羊以植物性饲料为主。植物性饲料根据性状可分为青粗饲料、多汁饲料和精饲料。

74 青饲料有哪些？

青饲料是指能供给奶山羊营养成分的青绿植物。其来源广泛，颜色青绿，多汁，纤维素少，适口性好，容易被消化吸收。青饲料中含有各种必需氨基酸，尤其是色氨酸、赖氨酸和精氨酸含量较多，并富含各种维生素。

常见的奶山羊青饲料包括青野草、青牧草类，如苜蓿、毛苕子、黑麦草；青树叶类，如洋槐树、桑树、杨树、苹果树、构树等；青贮饲料类和青干草类。

75 多汁饲料有哪些？

多汁饲料富含淀粉和糖类，水含量高，纤维素含量少，适口性强，消化率高。这类饲料包括胡萝卜、马铃薯、南瓜、饲用甜菜等。

76 动物性饲料和矿物质饲料有哪些？各有什么特点？

动物性饲料主要有鱼粉、血粉、肉渣、奶及奶品加工后的副产品等，其特点是蛋白质含量高，必需氨基酸较全，钙、磷含量较多而且比例适当，维生素含量也很丰富。

矿物质饲料主要有食盐、骨粉、石灰石、磷酸钙、贝壳粉、蛋壳粉、碳酸钙等，主要用来补充饲料中矿物质的不足，饲料中一般按 2%～3% 添加。

77 尿素有何特点？奶山羊如何安全利用尿素？

尿素是一种含氮化合物，虽不含蛋白质，但其含氮量高达 43%～46%。奶山羊瘤胃中含有的大量瘤胃微生物（如细菌和纤毛虫等），能够利用氮源生长和繁殖，合成自身需要的菌体蛋白，在消化酶的作用下，可以被奶山羊消化利用。

尿素只能作为氮的补充来源，解决日粮中蛋白质不足的问题，不能代替日粮中的全部粗蛋白质，只能占其中的 20%～30%。

一般按羊体重的 0.02%～0.05% 补饲尿素，即 10 千克体重每日可补喂尿素 2～5 克，成年羊 13～15 克。饲喂时，先将尿素溶于水中，然后拌入饲草或精饲料中。

尿素补饲方法不当时容易发生尿素中毒，因此补饲尿素时应注意以下问题：

（1）尿素仅适用于青年羊和成年母羊，未断奶的羔羊瘤胃中微生物区系发育不完全，不宜饲喂。

（2）尿素不能与豆科牧草或豆类及其副产品等富含脲酶的饲料一起饲喂，否则会引起尿素分解，同时饲喂时必须间隔一段时间。

（3）尿素一天要分 2～3 次补饲，尿素不能溶于水中饮用或单独饲喂，否则容易发生中毒。喂后不要立即让羊饮水。

（4）饲喂尿素的量应由少到多，逐渐增至正常量。一般情况下要连续饲喂尿素，最好不要中断。首次饲喂时按正常给量的 1/10 供给，10 天左右增加到正常给量。

（5）饥饿状态下的羊和病羊不宜饲喂尿素。

（6）尿素饲喂不当会出现中毒，奶山羊的临床症状为精神萎靡，呼吸迫促；严重时，全身抽搐，呼吸困难，心跳加快，腹胀，口流涎沫，瞳孔放大，肛门松弛，卧地窒息死亡。发现奶山羊尿素中毒后，可以采用静脉注射 10％～25％葡萄糖注射液 100～200 毫升或 10％葡萄糖酸钙 50～100 毫升或灌服食醋 0.5～1.0 千克来解毒。

78 青干草的调制方法有哪些？

青干草的调制方法有以下两种：

（1）地面晒制法　是将割回的牧草平铺在地面上，凭借阳光和风力来蒸发水分，使其自然干燥。

（2）草架晒制法　草架可采用树干三角架、铁丝长架、活动式木草架或固定式砖花墙等。草架晒制干草时，应先将收割后的牧草就地晒半天或 1 天，待水分降至 45％左右再上架，上架时应把草自下往上逐层堆放并与地面保持 20 厘米的距离。

经过调制，青饲料含水分量降至 14％～16％时即成青干草。优质的青干草颜色青绿，气味芳香，适口性强，可长期贮存。

79 什么是青贮饲料？如何保存？

青贮饲料是指将新鲜的青割饲草，铡短压实装入青贮塔、青贮窖或塑料袋内，隔绝空气，通过乳酸菌等微生物发酵而制成的一种青绿多汁的饲料。其特点是来源广泛，青绿鲜嫩，营养价值高，多汁适口，消化率高，制作成本低，易长期保存。

贮存青贮饲料主要有以下 3 种方法：

（1）塑料袋法　即把铡短的青贮饲料装入塑料袋内，压实，密封袋口即可。

（2）青贮窖　青贮窖有地下式、半地下式和地上式 3 种。前一种适于地下水位较低、土质坚硬的地方，后两种适于地下水位较高的地方。

（3）青贮塔　是最理想的青贮贮存方法，但建造成本较高。

80 怎样制作玉米青贮饲料？

制作玉米青贮饲料的要点是铡短、压实、密封。具体包括以下步骤：

（1）适时收割，及时运输　用全株带穗玉米秆制作青贮饲料时，玉米秆的收割要在籽粒乳熟期进行。这时玉米秆作物的产量高，养分多，水分也较为适宜，是制作青贮的好时机，时间比较集中，要边收割边运输。

（2）铡短　为了确保青贮料的质量，运回的玉米青贮原料要及时铡短，长度一般为2～3厘米。青贮铡短有利于踩实、排出空气和取用方便。

（3）装窖（坑）压实　铡短后的青贮要及时入窖（坑）。装填青贮时，要逐层平摊装入，厚度为20～30厘米，装一层踩一层，特别是四角要踩实。踩实是青贮成败的关键，踩实后有利于排出空气，为乳酸菌创造厌氧环境。

（4）密封和排水　封顶应在青贮窖（坑）装满后进行，踩实后四周青贮原料要高出窖面60～100厘米并使其呈弓形；然后用厚塑料薄膜覆盖，随即用20～25厘米的细土封严、压平。为了防止雨水渗入青贮窖（坑），可在距青贮窖（坑）0.5～1米的地方挖宽30～50厘米、深10～15厘米的排水沟。密封好后要经常注意检查青贮窖（坑）是否有凹陷、裂缝，发现后及时填封。

81 怎样取用青贮饲料？

青贮原料在青贮窖（坑）中经过40～50天后便可完成发酵，随可开窖取用。取用时，先除去窖上面的封土、塑料薄膜和霉变层，然后从上层逐层平行往下取喂。如是长方形青贮窖（坑），则从一端开始，上下平行逐渐往里取用。青贮饲料应现取现用，保持表面平整，严禁掏坑挖洞，取后必须封严，以防长时间暴露、暴晒后变质或受到污染。

82 什么是粗饲料？

含粗纤维在18%以上的饲料统称粗饲料。粗饲料体积大，是奶山羊不可缺少的当家饲料，喂量不足时将严重影响奶山羊的正常新陈代谢，导致产奶量下降。饲养奶山羊，粗饲料为其主要成分，其干物质含量要占到总采食干物质含量的 60%～70%。对高产奶山羊应减少粗饲料的喂量，适当增加精饲料，但必须以粗饲料为主。

常用粗饲料包括青干草、青贮饲料、青绿饲料、农作物副产品、根菜类饲料等。

83 什么是精饲料？

精饲料是指高能量含量和低纤维含量（低于 18%）的饲料。高产奶山羊，由于胃容纳不下能满足能量需要的全部粗饲料，因此必须加入谷实饲料，以获得需要的能量。谷类，如大麦，每千克所含的可消化总营养物质与 8 千克青干草或 25 千克青贮的相同。根据粗蛋白含量，通常将精饲料分为低蛋白饲料、中等蛋白饲料、高蛋白饲料；根据种类可分为谷实类、油饼类、糠麸类及糟渣类。

84 适用于奶山羊的谷实类饲料有哪些？

常见的谷实类饲料有玉米、大麦、燕麦、高粱等。这类饲料含蛋白质少，是高能量饲料，含有丰富的碳水化合物和脂肪，粗纤维含量低；矿物质中含磷多、钙少；缺少维生素 A 和维生素 D（黄色玉米例外），所以饲喂这类饲料应补充钙质。

（1）玉米　玉米是奶山羊饲粮中所占比例最多的一种谷物，俗称"饲料之王"，是含能量最高的一种饲料。饲喂奶山羊时应与其他谷类，以及蛋白质、矿物质和维生素含量丰富的饲料合理搭配后饲喂，以提高使用效率。

（2）大麦　大麦的能量含量与玉米的基本相等，但适口性差。因此大量饲喂奶山羊时，必须慢慢增加喂量，以使其逐渐适应。大麦有一层坚实的外壳，喂前必须压扁，压扁后大麦的适口性将会得到大大改善。磨得过细的大麦在谷类饲料中的比例不宜超过 50%。

（3）燕麦　燕麦含有的能量是玉米的 85%，但粗蛋白质含量高。

（4）高粱　高粱质量较差，有苦味，含鞣酸多，过量饲喂易引起便秘。

85 适用于奶山羊的油饼类饲料有哪些？

常见的油饼类饲料有大豆饼、棉籽（仁）饼、花生饼等，它们均含有较多的蛋白质，是良好的蛋白质补充饲料。

（1）大豆饼　大豆饼是高产奶山羊常用的一种蛋白质补充饲料，其干物质中含有40%的蛋白质。

（2）棉籽（仁）饼　棉籽去油后带壳的称棉籽饼，去壳的称棉仁饼，是一种低廉的蛋白质补充饲料。棉籽（仁）饼中含有毒素"棉酚"，应控制其喂量，成年奶山羊日粮中的含量不超过混合精饲料的20%，宜与大量青绿饲料一起饲喂。喂量过多，将引起便秘，怀孕奶山羊母羊应少喂或不喂。

（3）花生饼及其他　花生饼分带壳与去壳两种。去壳花生饼中的蛋白质含量比带壳的高，与豆饼的营养相似。花生饼与豆饼或其他饼类混喂，效果更好。花生饼略有甜味，适口性好，也有通便作用；但饲喂量过多，可引起下泻。用花生饼饲喂奶山羊，易使鲜奶产生异味。

86 适用于奶山羊的糠麸类饲料有哪些？

糠麸类饲料是由小麦、大米等谷类的皮及其胚组成，是籽实的副产品。这类饲料中的蛋白质、粗纤维含量比谷类的高，但含糖量少。糠麸类质地疏松、体积大、适口性好，且具有轻泻作用，是家畜不可缺少的饲料。

（1）小麦麸　小麦麸中的蛋白质及纤维素含量均比谷实饲料中的多，而淀粉含量少，但蛋白质与碳水化合物比例较适当，含磷和B族维生素较多，而含钙少。日粮中小麦麸的添加量为15%～20%时，可提高饲料容量和纤维含量，可改进饲料的适口性，还可作为一种轻泻剂。

（2）米糠　米糠中含有较多的粗纤维，能量、蛋白质含量也较高，B族维生素含量丰富。新鲜米糠在奶山羊日粮中可占精饲料的20％；陈旧米糠由于脂肪变质容易引起奶山羊下痢，使用时应慎重。

87 啤酒渣可以喂奶山羊吗？

啤酒渣中含有大量大麦、麸皮等粗纤维，适口性差，奶山羊饲粮中可适当搭配使用。成年奶山羊每天可饲喂鲜啤酒渣 0.5～1 千克，过多会影响食欲。啤酒渣在夏天易变质，因此应予以妥善保藏，最好鲜喂。

88 豆腐渣可以喂奶山羊吗？

豆腐渣中的干物质中粗蛋白含量丰富，而且适口性好，可以作为奶山羊的饲料。但由于豆腐渣含水量高，易酸败，因此要妥善保藏，最好新鲜饲喂。奶山羊日喂量一般为 0.25 千克左右，过量饲喂易引起腹泻。

89 奶山羊常用的补充饲料有哪些？

奶山羊补加饲料一般包括矿物质补充料及添加剂等，其中常用的有食盐、钙磷及维生素添加剂等。

（1）食盐　是奶山羊每天必不可少的矿物质补充饲料，一般用量占混合精饲料的 1.5％～2％。

（2）含钙、磷的矿物质补充料　有骨粉、白垩等，钙、磷在日粮中的比例以 1.5％～2％为宜。一般日粮中容易钙多磷少，此时可用麦麸进行调整。此外，还应给奶山羊补喂含有铜、铁、钴、锰、碘等微量元素的添加剂。

（3）维生素添加剂　维生素为奶山羊正常生长、繁殖、产乳及健康必需的微量物质。泌乳期间奶山羊最易缺乏维生素 A、维生素 D 和维生素 E，因此日粮中应予以补喂。

90 用饲料饲喂奶山羊时应注意哪些事项？

（1）饲料要求新鲜，色香味形态正常　饲喂奶山羊时，常添加一定含量的青绿饲料，特别是在夏、秋季节。但这类饲料含水量大，在气温较高时不宜长期贮存，因此一定要鲜喂。

（2）饲料必须无发霉、变质、结块和异味 在收割、加工、贮存、运输等环节，往往由于天气、环境、管理不善等，饲料会发生污染和变质。青贮饲料是饲养奶山羊的重要饲料来源，但如果在制作中不注意把关，取用时不注意方法和要求，常常会发生变质。优质的青贮饲料应具有芬芳酒香味，颜色呈亮黄色，松散柔软不黏手，一旦外观发生变化，则预示其已发生变质。另外，给羊饲喂的精饲料，如玉米、麸皮、豆粕等在采购和加工时要注意严把质量关，有变质、结块和异味时严禁饲喂奶山羊。

（3）防止饲料污染 羊是爱干净的动物，对饲草的要求高，饲草一旦被污染，宁肯挨饿也不愿意去吃，因此饲喂、收割、堆放时一定要防止各种物质对饲料的污染。

（4）注意有毒饲草 有些饲草天然有毒，而有些饲草是喷洒了有毒农药而有毒，若饲喂时不注意，羊吃了有毒饲草就会发生中毒。因此，生产中对有毒饲草要加以识别，不在喷洒农药的地里放牧、割草。

91 奶山羊养殖常用的舔砖有哪几类？各有什么营养成分和作用？

舔砖是给奶山羊补充矿物质元素、非蛋白氮、可溶性糖等的一种简单而有效的方式。舔砖营养全面，适口性好，而且还具有预防疾病、提高繁殖率和免疫力的功效。

舔砖一般分为两大类。一类是矿物质微量元素舔砖，以反刍动物日粮中容易缺乏的矿物质盐微量元素为原料，用高压制块（压力15吨/厘米^2）而成，补充硒、铜、钴、磷及平衡矿物盐。使用此类舔砖可维持奶山羊机体的电解质平衡，促进其生长和繁殖，提高饲料报酬，防治矿物质营养缺乏症，如异嗜癖、白肌病、幼畜佝偻病、营养性贫血等。二类是复合营养舔砖，主要以尿素、糖蜜、各种精饲料、矿物盐微量元素及维生素等经加工压制而成。其主要原料组成为糖蜜、尿素、饼粕类植物蛋白、水泥（或生石灰）、麸皮（或稻壳）、矿物质预混料、维生素、五氧化二磷（或其他黏结剂）等。矿物质预混料通常含有钙、磷等常量元素，以及铁、铜、锌、碘、锰、硒和钴等微量元素。国内生产的复合营养舔砖配方为糖蜜30%～40%、糠麸25%～40%、尿素7%～15%、硅酸盐水泥5%～15%、食盐1%～2.5%、矿物质元素添加剂（骨粉等）1%～1.5%，可根据需要配加适量维生素。此外，也有将一些化学试剂或药物添加到糖蜜尿素舔砖中用以控制寄生虫和瘤胃发酵等。

舔砖规格不一，多为扁圆砖与方砖两种。圆砖一般直径为20～25厘米、厚度为10～12厘米；方块一般长25厘米、宽12厘米、高10厘米。砖中央留一小孔，以便悬挂在羊栏舍内供羊舔用。

七、各类奶山羊的饲养管理

92 奶山羊饲养管理需注意哪些问题?

科学的饲养管理不仅能提高奶山羊的健康水平、生产性能、繁殖能力和羊群质量,而且还能提高饲草利用率和降低饲养成本。饲养奶山羊应注意以下几点:

(1)抓好饲草质量 饲草是奶山羊生长、发育、繁殖等营养的主要来源,优质的饲草是奶山羊生活的保障,因此给羊提供的饲草必须新鲜、干净、无污染、质量高。

(2)搞好消毒和防疫 疾病是养殖业的最大危害,任何的疏忽大意都会给羊场生产造成极大损失,因此制定严格的消毒防疫程序是安全生产的有力保证。

(3)分群饲养 要饲养好奶山羊必须根据其性别、年龄、大小、强弱、不同生长及发育时期进行分群饲养。由于奶山羊对饲养条件和营养需求不同,因此饲养时也将健康养和病羊分开,这样能有效避免疾病相互传播。

(4)饲喂要做到"三定" "三定"指定时、定量、定质。定时是固定饲喂时间,使奶山羊形成良好的生活习惯,使其吃得饱、休息好;定量是给奶山羊每次饲喂时,要根据饲喂标准按量供应,以喂到八九成饱为宜,以便下次饲喂时其仍有良好的食欲;定质就是饲草的质量要好,营养要全,防止病从口入。

(5)勤观察、勤动手 饲养人员要随时观察奶山羊的吃喝、休息、运动、泌乳和大小便情况,如发现异常应及时分析原因,并采取有效措施。

93 奶山羊羔羊有哪些消化特点？

奶山羊羔羊是指从初生到断奶前（约 90 天）这一时期的羊，其消化道结构和成年羊的相同，都是四个胃，但消化能力差异很大。奶山羊羔羊 5～7 日龄时小肠功能开始完善，具有缓和消解细菌的作用，发病少。哺乳阶段的羔羊由于其瘤胃发育不完全，瘤胃微生物区系还未形成，因此前胃只有雏形而无消化功能，主要是皱胃起消化作用。2 月龄内的羔羊主要依靠母羊初乳和常乳所提供的营养物质维持生存，不能大量利用饲料饲草。

94 奶山羊羔羊呼吸系统有何生理特点？

（1）胸廓近似圆柱状，肋骨与脊柱几乎成直角，呼吸肌不发达，胸廓活动范围小，呼吸运动主要靠膈肌完成，主要是腹式呼吸。

（2）鼻腔小而短，鼻道窄，黏膜柔嫩，血管与淋巴结均丰富，很易发炎。气管短，长仅 8～10 厘米；气管管腔窄小，直径 0.7～1 厘米；气管黏膜柔嫩，血管丰富。气管黏膜腺分泌不足时，气管腔壁黏膜干燥，易生炎症。

（3）支气管腔道窄小，黏膜较干燥。发生炎症时，黏膜肿胀，呼吸困难，影响气体交换。

（4）肺脏容量小，肺泡数量少，血管丰富，间质组织较多，弹力组织发育不完全。发生炎症时，容易导致呼吸困难、肺瘀血、肺气肿和缺氧。

（5）肺门处有大支气管、丰富的血管和淋巴结。肺部出现炎症时，能引起肺门淋巴结反应。有些淋巴结伸入肺部的主裂隙，易引起叶间胸膜炎。

（6）呼吸浅表，往往不均匀。羔羊出生后 5 天内有暂时性生理性部分肺膨胀不全，呼吸贮备能力低。

（7）代谢较成年羊快，需氧量大。有呼吸浅表时以增加呼吸速率来弥补，故呼吸每分钟可达 40 次左右。呼吸系统出现炎症时，呼吸更快，易引起呼吸疲乏。

（8）神经系统发育不完善，呼吸调节中枢发育不完全，形成呼吸不整。羔羊呼吸系统一旦发生炎症，由于神经系统调节功能差，因此很容易导致病情恶化而死亡。

95 奶山羊羔羊体温的维持靠什么提供？出现异常时怎么办？

新生奶山羊羔羊体温调节机能不完善，被毛稀疏，皮下脂肪少，体表面积大，体热的调节功能差。羔羊出生后 1～2 天内，主要依靠贮存于肝、心、肌肉内的糖原来提供热源，3 天以后才能利用脂肪、蛋白质来提供热源。

羔羊的正常体温是 39～40 ℃。新生羔羊往往因为外界寒冷而导致体温下降，严重者导致死亡。因此，发现体温异常者时要及时采取措施，改善羔羊内环境进而恢复其正常体温。如果羔羊体温为 37～39 ℃，应及时擦干其被毛上的液体，并饲喂羊奶；羔羊体温低于 37 ℃在 5 小时以内时，应采取一切措施使体温恢复到 37 ℃，并饲喂羊奶补充营养物质；羔羊体温低于 37 ℃在 5 小时以上且可抬头时，应迅速擦干其被毛上的液体，并饲喂羊奶，使其体温恢复到 37 ℃后再次补喂羊奶，加强营养供应；羔羊体温低于 37 ℃在 5 小时以上不能抬头者，则腹腔注射 20％葡萄糖溶液（体重 5 千克左右的羔羊为 50 毫升、体重 3.5 千克左右的羔羊为 35 毫升、体重 2.5 千克左右的羔羊为 25 毫升），使体温恢复到 37 ℃，并饲喂羊奶以补充营养。

96 奶山羊羔羊饲养管理的关键是什么？

羔羊阶段是羊一生中生长发育最快的时期，饲养的好坏关系以后的体型结构发育和生产性能的发挥。这个时期关键是提高成活率，培育出发育良好的羔羊。羔羊培育必须严把"三关"。

（1）出生关　羔羊出生后，首先用毛巾将其口、鼻中的黏液擦拭干净，以防呼吸时将黏液吸入气管而引起异物性肺炎，同时做好羔羊断脐带的工作。羔羊出生后如果天气寒冷，则要尽快将其身上的黏液擦干或放在红外线烤灯下烘干。羔羊出生后 15～30 分钟，就会站起来找奶吃，这时应尽快让其吃到初乳。给羔羊喂初乳时，首先要用 40 ℃热毛巾将母羊乳房擦洗干净，并剪掉乳房上的长毛，挤出并弃掉乳头内最初的几滴奶，然后再喂。

（2）哺乳关　哺乳期羔羊生长发育很快，3 个月时的体重可达其出生体重的 6～8 倍。0～45 天是羔羊体尺增长最快的时期，45～75 天是羔羊体重增长最快的时期。出生 30 日龄的羔羊每天喂奶次数以 4～6 次为宜，31～60 日龄的羔羊每天喂奶次数以 3～4 次为宜。随着日龄的增加，羔羊对营养的需求也越来越多，此时依靠鲜奶难以满足其生长发育的要求。因此，羔羊在出生 15 天后，可在其补饲槽内加少量优质苜蓿干草，让其自由采食，以促进其瘤胃发育。20 天以后，还要增加一些适口性好、易消化的精饲料或颗粒饲料（饲料配方为玉米 50％、麸皮 20％、菜粕 5％、炒大豆15％、骨粉 2％、食盐 1％、鱼粉 4％、白糖 2％、复合微量元素1％），以满足羔羊生长发育的需要。

羔羊出生后，生长发育和供养方式发生了很大变化，适应性较差，机体抵抗力弱，在管理上要注意多观察。健康的羔羊经常昂头、挺胸、摆尾，活泼好动，毛顺腿粗；如果被毛蓬松、粗乱、肚子扁，经常无精打采、弓腰、鸣叫则是没有吃足奶的表现，要及时补足。注意天气变化和圈舍卫生，以防发生疾病，特别是当发现羔羊有腹泻、肺炎、脐带炎等时要及时治疗。

（3）断奶关　羔羊哺乳到 80～90 天或可采食 0.25～0.4 千克配合饲料时要尽快断奶。给羔羊适时断奶有利于其自身生长发育，可节省羊奶消耗。羔羊断奶有两种方法：一是直接断奶法，就是到了断奶时间，直接停止喂奶；二是逐渐断奶法，就是将羔羊吃奶次数逐渐减少，直到断奶。为了让羔羊适应这一过程，一般采用逐渐断奶法，这样有利于羔羊逐渐适应新的生长方式，促进胃肠机能的正常发育。

97 如何抢救假死奶山羊羔羊?

新生羔羊假死时,应立即进行抢救。方法是:倒提羔羊两后肢,拍打其胸背部;使其平卧,有节律地压迫胸部两侧,使之尽快出现呼吸;也可注射尼可刹米(0.2毫升)、肾上腺素等进行抢救。

寒冷天气羔羊因冻僵而无法站立时,在生火取暖的同时迅速用38℃的温水浴浴,并逐渐将热水兑成40~42℃浸泡20~30分钟,再将羔羊拉出迅速擦干后放到暖处。

98 断掉奶山羊羔羊脐带时怎么办?

新生羔羊脐带为0.6~1.2厘米粗的中空管,直接通入腹腔与肝相连,是体外细菌侵入羊体的通道。羔羊出生时,脐带一般会自己扯断;如果没有断,则要人为断脐。可采取两种措施:第一,羔羊产出后,用手捏住脐带将脐带中的血液朝羔羊肚脐方向捋数次,在距腹部肚脐10厘米处拧断,然后用5%碘酒涂在断端进行消毒,防止出血感染。待脐带微干后在脐孔下3厘米处用消毒剪刀剪断脐带,挤出脐带中的黏液,在断端用5%碘酊涂擦或浸泡消毒。第二,羔羊出生后脐部创口用3%双氧水清洗,并用消过毒的剪刀断脐,离脐带5厘米处用消过毒的线扎紧,脐端涂上3%碘酊消毒,以防病菌感染。

99 为什么要给奶山羊羔羊吃足初乳?

奶山羊产下羔羊后1~5天内产出的乳为初乳。初乳色黄、浓稠,所含营养物质极为丰富,其干物质含量比常乳高1.5~2倍,另外初乳中还含有大量的蛋白质、脂肪、维生素和矿物质;初乳中的免疫球蛋白能被新生羔羊的肠黏膜吸收和利用,具有抑制和杀灭多种病原微生物的功能;初乳中含有丰富的盐类,其中镁盐含量比常乳高1倍以上,具有刺激胃肠道产生轻泻作用,有利于羔羊胎粪的排出;初乳的酸度一般比常乳高2倍以上,进入胃肠道内可抑制有害微生物的繁殖;初乳可代替胃肠黏膜,覆盖胃肠内壁上,降低胃肠道的通透性，阻止细菌进入血液，提高羔羊对疾病的抵抗力；初乳促进真胃分泌大量消化酶，使胃肠机能尽早形成。

因此，羔羊出生后，初乳吃得越早、越足就越好。

100 奶山羊羔羊缺奶和失奶怎么办？

羊奶营养丰富，是羔羊生长发育的重要食物来源。但是，母羊因身体瘦弱、奶量不足或产后死亡时，都会造成羔羊缺奶和失奶。解决的办法是加强对产后母羊的饲养管理，提高母羊产奶量；用人工哺乳的办法给羔羊喂奶粉、代乳粉或其他母羊的鲜奶；选产奶量高或生产后羔羊死亡的母羊做保姆羊。如果保姆羊不接受羔羊，可采用给羔羊头部、身上、尾巴涂抹保姆羊的奶汁、尿液等措施，或将保姆羊和羔羊关在黑暗的屋子中，强迫羔羊多次吃奶，以迫使相认。

101 奶山羊羔羊可以用代乳粉饲喂吗？

代乳粉是富含乳蛋白、乳糖等营养物质的粉状饲料，具有较高的蛋白消化率和良好的适口性。许多规模化养殖场常常在羊奶不足或为替代羊奶而使用代乳粉来饲喂羔羊，不仅促进了羔羊的生长发育，而且羔羊的成活率也显著提高。

羔羊代乳粉常用配方原料有脱脂奶粉、牛奶、乳糖、玉米淀粉、面粉、磷酸钙、食盐、硫酸镁等。代乳粉中富含羔羊生长发育所需要的蛋白质、脂肪、乳糖、钙、磷、必需氨基酸、维生素、微量元素及免疫因子等营养物质。用羔羊代乳粉替代羊奶有利于种羊的快速繁殖和优良后备种羊的培育，对提高产多胎和体弱母羊所产羔羊的成活率有重要意义。

102 怎样训练奶山羊羔羊人工哺乳？

初生后的羔羊一般都会自己吃奶，但对于不会吃奶的羔羊可进行人工哺乳，主要有以下两种方法：

（1）盆饮法　用小盆盛奶，让羔羊自饮。方法是哺乳员将手指甲剪短、磨光，并洗净，用食指或中指蘸上奶，让羔羊吸吮，并慢慢将羔羊嘴诱到乳汁面前，使其吃到乳汁。这样训练几次，羔羊就会吃奶了。

（2）奶瓶法　将羊奶装入奶瓶内，让羔羊自动吮吸。方法是在奶瓶内装上奶，给奶瓶的奶嘴上涂上鲜奶，并塞进羔羊嘴里。这样训练几次，羔羊就学会了吃奶。

训练羔羊人工哺乳，要有耐心，不可强逼；否则，乳汁呛入气管或肺中，会导致羔羊发生异物性肺炎，甚至死亡。

103 奶山羊羔羊人工哺乳应注意哪些问题？

羔羊人工哺乳应坚持"一勤、二早、三足、四定"。一勤即勤观察，要经常观察每只羔羊的食欲、粪便情况和精神状态，发现问题后及时采取措施；二早即羔羊出生后早喂初乳、早补饲；三足即给羔羊足够的初乳喂量、足够的饮水和足够的运动；四定即定量、定时、定温、定质，给羔羊进行人工哺乳时，供给羔羊的奶量要按照哺乳方案执行，防止饲喂过量而引起消化不良或腹泻，每天喂奶的次数和时间要固定，这样容易使羔羊形成条件反射，利于消化和便于生产管理。给羔羊喂奶前一定要将鲜奶进行过滤，清理掉奶中的杂质，然后将经过巴氏消毒后的羊奶温度控制在 40～42 ℃时再饲喂。鲜奶不干净或温度过低时，羔羊饮用后容易发病；鲜奶温度过高容易烫伤羔羊嘴黏膜和肠黏膜。给羔羊喂奶用的器具要定期消毒，每次喂完奶后要先将器具洗干净，再用开水烫，最后用自来水冲洗。

104 断奶后给奶山羊羔羊饲喂饲料时应注意哪些问题？

断奶会对羔羊造成应激，其表现往往是生长速度下降或者生长停止，有时甚至出现体重减轻的现象。这是羔羊过渡到青年羊的关键阶段，如果饲养管理条件跟不上，羔羊生长发育将严重受阻，从而影响后期培育。断奶主要做好以下工作：

（1）断奶羔羊大小分开，方便管理；公、母分开，防止断奶羔羊过早偷配。

（2）定时、定量、定人喂羊，减少断奶羔羊应激。

（3）断奶羔羊应饲养于原羊栏内，1 周内仍然饲喂以前相同的饲料，之后逐渐改换饲料。不可突然变化草料种类，否则会引起消化不良等。

（4）羔羊断奶后对饲料的消化吸收能力不强，饲喂大量鲜嫩青草或多汁饲料会引起腹泻等疾病，因此青干草与青绿多汁饲料应各占一半。精饲料必须充足供应，但饲喂量过多时可引起消化不良或导致酸中毒。

（5）做好防疫驱虫工作，同时防止羔羊肺炎、大肠杆菌病、羔羊肠痉挛和肠毒血症等病的发生，以减少寄生虫和传染病对断奶羔羊的危害。

（6）冬季对断奶羔羊要控制饮水量，目的是限制断奶羔羊的排尿次数，使羊舍干燥，减少断奶羔羊感染疾病的概率。但控制饮水要根据饲草水分含量合理安排，且必须是温水。

105 奶山羊育成期包括哪些阶段？

育成期是奶山羊骨骼和器官充分发育的时期，包括两个阶段，即育成前期（3～8 月龄）和育成后期（9～18 月龄）。

（1）育成前期　是羔羊生长发育最快的时期，尤其是断奶不久的羔羊，其瘤胃容积有限且机能不完善，对粗饲料的利用能力较弱。这一阶段饲养的好坏，将直接影响羔羊的体格大小、体型、成年后的生产性能和整个羊群的品质。

（2）育成后期　瘤胃消化机能基本完善，奶山羊可以采食大量的牧草和农作物秸秆，但身体仍处于发育之中。

106 育成前期的奶山羊饲养管理应注意哪些事项？

（1）按性别单独组群饲养，防止早配。

（2）加强运动，促进生长发育，每天上、下午各驱赶运动 1～1.5 小时。充足的运动，可使育成羊胸部宽深、心肺发达、四肢健壮、消化机能旺盛、抗病力强。

（3）日粮应以精饲料为主，并搭配优质苜蓿、青干草和青绿多汁饲料。日粮中的粗纤维含量不高于 17%，粗饲料占比不超过50%。一天分两次饲喂，每次给羊喂八成饱，饲喂后 1 小时不能让其剧烈运动。

（4）刚离乳整群后的育成羊，正处在早期发育阶段。此时期生长发育最旺盛，且正值夏季青草期。在青草期应充分利用青绿饲料，因为青绿饲料营养丰富，非常有利于促进羊体消化器官的发育。

（5）使用营养全价的精饲料配方

配方一：玉米 68%，花生饼 12%，豆饼 7%，麦麸 10%，磷酸氢钙 1%，添加剂 1%，食盐 1%。日粮组成为精饲料 0.4 千克，苜蓿 0.6 千克，玉米秸秆 0.2 千克。

配方二：玉米 50%，花生饼 20%，豆饼 15%，麦麸 12%，石粉 1%，添加剂 1%，食盐 1%。日粮组成为精饲料 0.4 千克，青贮饲料 1.5 千克，干草或稻草 0.2 千克。

107 育成后期的奶山羊饲养管理应注意哪些事项？

（1）注意饲料供应　粗劣秸秆在日粮中的所占比例不能超过20%，使用前尽量进行合理的加工调制。公羊一般生长发育快，需要营养多，因此精饲料的喂量要比母羊多；同时，还应注意给育成羊补饲矿物质，如钙、磷、盐及维生素 A、维生素 D。

（2）做好配种工作　一般育成母羊在 9～10 月龄时，体重达到35 千克或成年体重的 65% 以上时可配种。育成羊的发情不如成年母羊明显和有规律，因此要加强发情鉴定，以免漏配。育成种公羊须在体重达到 40 千克以上参加配种。

（3）使用营养全价的精饲料配方

配方：玉米 80%，花生饼 8%，麦麸 10%，添加剂 1%，食盐1%。日粮组成为精饲料 0.4 千克，苜蓿 0.5 千克，玉米秸秆 1千克。

108 **什么叫初孕母羊？**

初配怀孕到分娩的青年母羊称为初孕母羊。初孕母羊处于自身发育阶段，同时胎儿的器官组织也在形成和生长（胎儿发育最后 2 个月的增重为出生重的 80%）；乳房发育速度快，怀孕后期代谢水平高，食欲增加，消化能力强。

109 **怎样饲养奶山羊怀孕母羊？**

奶山羊母羊怀孕期的饲养管理分为两个时期：一个是怀孕前期，另一个是怀孕后期。

（1）怀孕前期（母羊怀孕后的前 3 个月） 奶山羊母羊妊娠第 1 个月是保胎关键时期，对饲养管理的要求非常严格。管理不当，容易造成胚胎早期死亡或者退化，发生胚胎吸收和流产。此时期怀孕母羊对营养的要求不是很高，原则上尽量不要改变饲草种类和饲养方式。母羊配种后至 30 天内，适当降低饲养标准，促使黄体酮早产生，使受精卵在子宫顺利着床，提高受胎率，增加产仔数。母羊妊娠 31～90 天，可适当增加喂量，但这个阶段胎儿生长缓慢，母羊饲草仍以干草为主，每天适当饲喂 0.3～0.8 千克精饲料。实际生产中还应注意的事项有：母羊怀孕后 30 天内，饲养条件不能过差，禁止饮食频繁变化；饲料营养要供量充足，并添加青绿饲料，忌喂霉烂变质的饲料；忌饮冰碴水，防止母羊受寒；禁忌随便用药，特别是激素药；避免棍打、急赶、跑跳，防止机械性流产；舍饲母羊应适度运动；对有早期流产症状的孕羊，及时注射黄体酮 10～30 毫升，每日 1 次，直至症状消失。

（2）怀孕后期（母羊产羔前的 2 个月） 此时期主要是加强饲养管理，以保胎防流产为主。由于此时期胎儿的生长发育很快，因此在饲养上供给母羊的饲料不仅营养全面而且量要足。日粮的营养水平比空怀期提高 20% 左右，蛋白质含量提高 40% 左右，钙、磷含量增加 1～2 倍，维生素含量增加 2 倍。根据母羊膘情，逐步适当增加精饲料，但不可放开饲喂，以防加得过早过急，使一些高产奶山羊出现乳房水肿或全身浮肿。饲养标准为精饲料 0.5～0.8 千克/天，补充钙粉 10 克/天，青干草自由采食，防止胎儿软骨症和母羊产后瘫痪情况的发生。实际生产中还应注意的事项有：母羊怀孕后 3 个月强制干奶，干奶 1 周后再增加营养，并坚持运动，多晒太阳，以利于胎儿的正常生长；不随意改变饲养方式，羊群不能换栏，减少并圈次数，不能驱赶运动，禁止无故捕捉、惊扰羊群，避免因应激因素而造成流产；出现先兆性流产症状时，注射黄体酮保胎；冬天产羔要做好防冻保暖工作；饲料和饮水要保持清洁卫生；补饲体积小、营养价值较高的优质干草和精饲料，忌喂冰冻的饲草、饮水及发霉、腐败、变质的饲草料；临近产羔时，母羊腹围增大，行动不便，羊舍要保持宽敞、干净、卫生；羊在出圈或运动时要防止拥挤，不可急追猛赶；对一些腹围过大、行动不便的母羊要特殊照顾，精心护理；给临产前的母羊做好乳房保健工作；保持乳房的清洁卫生；母羊分娩前应洗净乳房，挤掉乳塞，擦净后躯，并对乳房和后躯进行消毒。

110 奶山羊妊娠母羊的保胎措施有哪些？

（1）避免早期流产　母羊妊娠初期的 20～30 天内，胚胎在子宫内呈游离状态。在胎儿着床前应尽量减少运动，避免奶山羊母羊受到惊吓刺激，否则奶山羊母羊在此期间极易发生流产。母羊妊娠后，胎动现象非常明显，而此期子宫肌接受刺激的敏感性增强，过分运动和刺激都会破坏子宫内环境的稳定，最终导致早产。因此，要格外注意周围环境，不要随意调换圈舍，避免大声喧哗，谢绝一切参观和生人进入圈舍。

（2）保证母体与胎儿的营养需要　妊娠母羊的营养供给与胎儿的生长发育、羔羊的初生重、生活力及将来的生产力等都密切相关，也显著影响母羊的泌乳量。因此，应根据母体及胎儿各阶段的生长发育特点，合理搭配饲料，特别是蛋白质、维生素和矿物质类饲料，力争做到全价、适口性好。此期不要变换饲料，避免影响母羊食欲和瘤胃内微生物体系，必须要变换饲料时应逐渐进行。

（3）做好卫生防疫工作　圈舍要经常打扫，保持卫生、干燥，并定期消毒；不给妊娠母羊饮污水，不给其饲喂发霉变质的饲料；发现病羊应及时隔离治疗。

（4）冬季做好防寒保暖工作　提前堵住圈舍风眼；及时消除运动场及舍内积雪；垫草要勤换；饮温水，喂温食；供给热能饲料。

（5）适时合理分群　妊娠母羊与空怀母羊分开饲养；健壮孕羊与体弱母羊分开饲养；对患病母羊隔离饲养，治疗时避免使用对保胎不利的药物。

（6）适当加大运动场地并人为驱赶母羊适量运动　母羊妊娠后期，为避免相互挤撞受伤而引起机械性流产，产羔母羊圈舍应适当加大；为避免母羊发生难产，要控制好母羊膘情，不能使之过胖；在妊娠后期应加强运动以确保母羊正常分娩。

（7）恰当使用保胎药物　对有过流产记录的母羊要进行细致观察，发现有流产征兆时，应适量使用保胎药物，如保胎丸、保胎灵胶囊、黄体酮等，以起到保胎作用。

111 怎样才能做好奶山羊母羊产羔前的准备工作？

产羔是养羊的收获季节，做好产羔前的准备工作，是确保母仔平安、提高羔羊成活率的有效措施。因此必须做好以下几点：

（1）在产羔前1个月，首先要把母羊分娩舍和羔羊舍打扫干净，羊舍墙壁和地面用2%烧碱或2%～3%来苏儿水消毒。无论是喷洒地面或墙壁，均要仔细、彻底，特别是羔羊的补饲栏和喂奶用器具，要彻底刷洗、消毒；另外，产房和羔羊舍要有足够的面积。

（2）产羔用的工具、设备，在产羔前都要进行检查和修理。产羔时期，天气比较寒冷，要做好羊舍门、窗的修理工作，为产羔提供良好的保温条件，冬季羔羊舍的温度保持在10℃以上即可。

（3）在产羔之前，根据母羊的配种时间，计算母羊预产期。并根据预产期，把1个星期之内将要分娩的母羊集中在一起。这样有利于产羔时不盲目乱跑，集中精力接羔。

（4）做好产羔用的消毒药物、兽医药品、兽医器械，以及脸盆、水桶、毛巾、盘秤、记录本、编号用品、照明和取暖设备等用品用具的准备工作。

（5）贮备好给羔羊补饲用的饲草和饲料。贮备的饲草质量要高，适口性要好，同时还要准备羔羊用的褥草。

（6）产羔期间工作忙，任务重，要做好人员的安排工作，特别是夜间值班，防止因无人在岗而造成不必要的损失。

112 奶山羊母羊产羔前有什么征兆？

奶山羊母羊产羔前症状表现是乳房膨胀有光泽，乳头直立，能挤出初乳，阴户肿大、松弛，腹部下垂，尾根部两侧肌肉下陷，排尿频繁，采食停止，举动不安，时卧时起，前蹄刨地，不停回头顾腹。当发现母羊卧地、四肢伸直、努责鸣叫时则是产羔的征兆，这时要准备接羔（图7-1）。

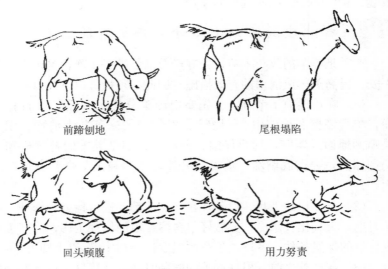

前蹄刨地　　　　　　　　尾根塌陷

回头顾腹　　　　　　　　用力努责

图7-1　母羊产羔前的征兆

113 如何做好奶山羊分娩母羊的接产工作？

给母羊接产时，工作人员首先要把手指甲剪短磨光，将手洗净后消毒，再将母羊外阴部位擦洗干净。正常接羔时，先从阴门流出羊水包，水包破裂后先露出羔羊两前蹄，接着是鼻和嘴，到头露出后即可顺利产出。

羔羊产出后，先将其口、鼻中的黏液清理干净，以免因呼吸而将黏液吸入气管。羔羊身上的黏液最好由母羊舔净，这样有助于母仔相认和调节羔羊体温。若母羊不舔，则可将羔羊身上的黏液抹到母羊嘴里，或在羔羊身上撒一些麸皮引诱母羊舔干。如果天气寒冷，则应尽快将羔羊全身擦干或用红外线烤灯将羔羊身体皮毛烘干，以免羔羊受凉感冒。

114 怎样管护好产羔后的奶山羊母羊？

母羊产羔后，由于体力消耗较大，体质虚弱，消化机能较差，生殖器官尚未复原，乳腺及血液循环系统机能没有恢复正常，一部分经产母羊四肢及腹下水肿还未消失，因此应以恢复体力为主。

母羊产羔后1～2小时，就会排出胎衣，接产人员发现后要及时将其拿走，以防被母羊误食。

母羊产羔后半小时之内，胃肠空虚，要及时给其饮用热水（35～40℃），可饮用温麸皮盐水汤（麸皮1 000克、食盐25克、碳酸氢钠25克、40～50℃温水1 000～2 000毫升）和益母红糖汤（益母草粉3克、红糖60克、水1 000毫升，煎汤）饲喂产后母羊，以使其恢复体力，排净恶露。产后第1天饮水不宜太多，以0.5～1千克为宜；产后2天内给母羊饲喂优质干草，任其自由采食，不要给精饲料；3天后可给其适量饲喂青贮和少量精饲料，精饲料要逐渐增加；5天后视体况、乳房膨胀程度、食欲表现、粪便形状和气味，灵活掌握精饲料和多汁饲料（包括青草、青贮料和块根、块茎类）的喂量；14天后，按饲养标准给母羊饲喂应有的日粮，把精饲料增加到正常喂量，达到每日每只0.5～0.7千克，即干物质采食量达到体重的 3%～4%（每天青干草 1 千克、青贮 3 千克、配合饲料 0.6 千克）。

产羔后的母羊可适量挤奶。产后第 1 天，所挤奶量够羔羊饮用即可；第 2 天挤日产奶量的 1/2 以下；第 3 天挤日产奶量的 2/3 以下；第 4 天挤日产奶量的 3/4 以下；第 5 天若羊体质健壮，食欲正常，可将奶全部挤出。对于乳房水肿的高产母羊，产羔 5 天以后要让其运动并且在每次挤奶前用热毛巾热敷乳房和按摩乳房，每次 3～5 分钟，适当减少精饲料喂料，以促进水肿尽快消退。

母羊产羔一般都在冬季，因此要注意防寒保暖，防止贼风袭击，并预防产后疾病的发生。

115 奶山羊母羊泌乳期分为几个阶段？

泌乳期分为泌乳初期、泌乳盛期、泌乳中期和泌乳末期，各阶段泌乳特性不同，则饲养方式不同。泌乳初期是产羔后 6～20 天，母羊身体处于恢复期；泌乳盛期是产羔后 21～120 天，母羊处于产奶旺盛期；泌乳中期是产羔后 121～210 天，母羊处于产奶量下降期；泌乳末期是产羔后 211～300 天，母羊处于产奶量急剧下降而停止的时期。

116 如何管理泌乳盛期的奶山羊母羊？

泌乳盛期的奶山羊母羊体力得到恢复，乳腺活动旺盛，消化正常。此时，要加强饲养管理，提高母羊产奶量，给其提供优质饲草料，高蛋白、青绿、多汁、易消化的饲料最好。预防瘤胃积食和瘤胃酸中毒，高精饲料日粮中可加小苏打，科学调整精饲料的喂量。按照奶料比 3：1 和奶水比 3：1 的比例逐步增加配合饲料的喂量和水量。同时，每天提供优质干草 1 千克、青贮饲料 3 千克。

母羊泌乳期饲养管理水平的高低关系泌乳能力的发挥，特别是在加料过程中，要前面看食欲、中间看乳房、后面看羊粪。如果母羊食欲旺盛，泌乳量继续上升，粪便正常无异味，可继续增加精饲料和多汁饲料的喂量；若母羊食欲不振，排软粪、有特殊气味的粪便或腹泻，则不应急于催奶。

催奶开始时，在原来精饲料喂量（0.5～0.7 千克）的基础上，每天增加 50～80 克，只要泌乳量不断上升，就继续增加精饲料的喂量。当每产 1 千克奶精饲料的喂量达 0.35～0.40 千克、饲槽有剩草剩料、泌乳量不再上升时，就要停止增加精饲料，并将该饲喂量维持 5～7 天，然后按泌乳羊饲养标准供给。泌乳量上升停止以后，便可减去超标准的促产饲料。在此奶量稳定期，应尽量避免饲料、饲养方法等的改变，以使最高泌乳量较稳定地保持尽量长的时间。

117 影响奶山羊产奶量的因素有哪些？

奶山羊产奶量主要受两方面因素的影响：一是品种特性，即内因，主要包括品种、血统、个体、年龄、胎次及泌乳时期等；二是外界饲养环境，即外因，主要包括产羔季节、配种年龄、饲养水平、管理及疾病等。奶山羊泌乳量的遗传力为 0.3～0.5，品种的遗传性对产奶量的影响占30％～50％，另外 50％～70％受饲料营养、疾病防治、饲养管理等因素的影响。

（1）内在影响因素　奶山羊品种不同，产奶量有所不同。萨能奶山羊是世界上产奶量最高的品种，奥地利一只母羊在一个泌乳期产奶量达 3 080 千克；土根堡奶山羊产奶量仅次于萨能奶山羊，世界最高纪录是 2 610.5 千克；相较于前两个品种，努比亚山羊产奶量较低，年平均产奶 700～800 千克。因此，奶山羊品种与产奶量密切相关，只有在种质上保证良种，才有望改善群体的产奶量。加强品种内的选育和饲养管理，防止品种退化造成产奶量下降尤为关键。

同一品种，不同公、母羊交配产生的后代产奶量存在差异。父母代泌乳性能良好的种羊其后代的产奶性能上佳，即血统优异，泌乳潜力巨大。同品种、同血统的奶山羊，个体不同产奶量不同。孪生姊妹的奶山羊个体，胚胎期及饲养管理可能会影响其产奶量，影响率为 6％～20％。相同饲养条件下血统来源相同的奶山羊个体，如果生长发育不同，产奶量也存在差异。个体较大、生长发育良好的奶山羊产奶量高；奶山羊1.5岁时体重越大，产奶量越高，二者呈正相关关系；初生重大的母羊产奶量高。此外，奶山羊乳房品质对产奶量也有影响，乳房品质好、乳房容积大、乳房综合评定分数高的母羊，其产奶量高。

同一只母羊在不同的年龄和胎次，其产奶量不同。第2～5胎的奶山羊产奶性能良好，尤其是第2～3胎产奶量最高。主要原因是成年以前（即在4岁以前），奶山羊个体发育不断趋于成熟，消化器官和乳房发育不断完善，泌乳素分泌逐年增多，产奶量呈上升趋势；成年以后，泌乳机能随年龄的增长而逐渐减退，产奶量也随之下降。

同一只母羊在一个泌乳周期内的不同阶段，产奶量不同。一般情况下，母羊产羔20天后产奶量快速上升，产后40～70天达到高峰，180天以后缓慢下降，特别是210天之后下降幅度加快，至300天停止泌乳，进入干奶期。从泌乳月龄来讲，第2～3个泌乳月产奶量最高。因此，提高产奶量，需要对泌乳上升期、高峰期泌乳的奶山羊做到精细管理，确保产奶量上升快、泌乳高峰期长而平稳。

（2）外在影响因素　1～2月产羔的母羊产奶量较高，3月产羔的母羊产奶量略有减少，4月产羔的母羊产奶量下降幅度较大。因此，产羔季节控制在每年2月之前对提高产奶量有利。此外，温度对产奶量的影响较大，环境温度为18.5℃时对奶山羊没有应激反应，而环境温度为5℃时可对奶山羊造成寒冷刺激，影响奶山羊的消化和代谢，进而降低产奶量。因此，母羊产羔季节时要加强羊舍保温，保证环境温度为8～16℃，以减少外界的不良刺激，以免造成产奶量下降。

后备母羊体重达到35千克左右配种，泌乳性能表现良好，这时的体重基本达到成年羊体重的60%～70%。过早配种会影响母羊的生长发育，进而影响其终生产奶量；过晚配种会增加饲养成本。因此，一定要在母羊的适配年龄进行配种。

母羊产羔前的体重增加与下一胎次的产奶量呈显著正相关。一般来说，奶山羊母羊产羔前的体重比产奶高峰期增加 20%～25%。因此，应做好母羊怀孕后期的饲养管理工作，为提高下一胎次的产奶量奠定基础。足够的营养物质加上良好的饲养管理，可保证较高的产奶量。

生产实际中，由于饲养管理造成奶山羊个体产奶量下降的主要原因是未做好干奶期的饲养管理和挤奶环节。干奶期母羊乳腺处于休整期，为下一个泌乳高峰期做准备，若此期母羊干奶效果不佳，其乳房易受到细菌感染而影响产奶量。母羊干奶时常采取快速干奶法，减少挤奶次数，打乱挤奶时间，减少精饲料的喂量，保证彻底干奶。挤奶时，用 40～50 ℃ 的热毛巾擦洗乳房，上下、左右共按摩 3 次。这样不仅便于将奶挤出，而且母羊的产奶量也高。此外，由于奶中的脂肪比重小，漂浮在乳汁上面，因此奶被彻底挤干净后能够提高乳脂率。如果挤不净，不仅影响产奶量、乳脂率，还易引起细菌感染，发生乳房炎。

羊奶是奶山羊正常代谢的产物，一切影响正常代谢的因素都会影响产奶量。疾病对羊的正常代谢影响很大，发生疾病时个体产奶少。

118 怎样提高奶山羊母羊产奶量？

要充分发挥母羊的生产性能，不断提高产奶量，就必须做到以下几点：

（1）养好怀孕母羊　母羊在怀孕期间如果身体健壮，体重增加，体内贮备了必要的营养，则产羔后能得到高而稳的产奶量，因此母羊怀孕期间必须获得丰富的饲料和营养。

（2）增加挤奶次数和乳房按摩次数　乳汁分泌与乳房内压呈负相关，乳房空则泌乳快。在母羊产奶高峰期，为了提高产奶量可每天挤奶 3～4 次，以加快乳房产乳和排乳的新陈代谢过程，防止乳汁聚集而引发乳房炎。另外，按摩乳房也有刺激泌乳的作用。挤奶前先用 40～50 ℃ 的热毛巾擦洗母羊乳房 2～3 遍，擦干后手握乳房前半部按摩。每日按摩乳房2～3次，每次按摩时间持续0.5～1分钟。

（3）增加青饲料的饲喂量　羊是反刍动物，粗饲料不足，瘤胃中发酵产物乙酸、丙酸含量就减少，进而引起泌乳量减少，乳脂率下降。青饲料（鲜草或瓜果）中粗纤维含量为25％、粗蛋白含量为20％，另外还含有丰富的氨基酸和维生素。青饲料柔软多汁，适口性好，消化率高，含水量高（水分含量为75％～90％），饲喂时应补充一些粗饲料、精饲料，做到青、粗、精的合理搭配；禁止给母羊饲喂劣质、有毒的青饲料。

（4）提高日粮中的蛋白质水平　泌乳母羊每产1千克奶需要粗蛋白质70～90克，所以产奶山羊每天需要大量的蛋白质，而蛋白质必须从饲料中获得。饲喂富含蛋白质的饲料，对提高母羊的产奶量非常显著。

（5）给母羊提供足量的饮水　一只奶山羊每日需水量占体重的10％～12％。一般的饮水量，可按日泌乳量的3～5倍推算，日产奶2.5千克的羊，每天需要饮水7.5～10千克。盆饮时应增加饮水次数，每日4次；饮用温水时，加入适量食盐有增加产奶量的效果。

（6）加强运动　有放牧条件的可每日放牧5～6小时。运动不仅可以增强羊的体质，还可促进血液循环、帮助消化、增进食欲，特别是高产母羊在泌乳高峰期适当运动可以防止心脏病的发生，因此坚持运动也是提高产奶量的重要措施。

（7）增加自然光照时间　光照能够影响母羊的产奶量、采食量和乳脂率。光照有利于维生素D的合成，对健康有利，提高血液中催乳素的浓度，增加产奶量。

119 奶山羊空怀母羊可以催奶吗？

母羊失配或流产后，由于体内孕激素含量低或缺乏而最终导致乳腺不能正常发育，出现不能泌乳的异常现象。为减少经济损失，奶山羊养殖过程中可以对空怀母羊采取催奶措施。

常见的催奶方法有饮食催奶、激素催奶和中草药催奶。饮食催奶，是将花生、红糖、蜂蜜、米虾、橘叶等进行一定调制后饲喂空怀母羊；激素催奶，是注射苯甲酸雌二醇、孕酮、利血平、地塞米松等药物进行催奶；中草药催奶，是通过给空怀母羊饲喂中草药，如益气生乳散、催乳片等达到催乳目的。

使用以上催奶方法时，要严密监控母羊产奶动态。如果母羊出现泌乳，则要认真判定催奶效果。若使用激素催奶，则要合理给药，防止药物使用不当使母羊发生疾病。同时，也应了解空怀母羊自身背景，生产上发现经产羊催奶效果好而初产羊催奶效果差的则要引起重视。

120 泌乳中后期的奶山羊饲喂饲料时应注意哪些事项？

泌乳中期，奶山羊产奶量开始下降，而采食量增加。这一阶段是奶山羊开始恢复泌乳高峰期用于产奶而失去的体重，饲草和精饲料的比例以 13：7 为好。玉米青贮可作为恢复体况的主要饲草来源。

泌乳末期，奶山羊进一步恢复在泌乳高峰期中失去的体重。饲草和精饲料仍按 13：7 的比例，饲草中应以豆科牧草为主（50％），同时搭配青草料或青贮料，并视其营养状况逐渐减少精饲料的喂量。精饲料减之过急，常会造成泌乳量迅速下降，但也要防止已经复膘的奶山羊在干奶期变得过肥。

121 奶山羊母羊挤奶前如何处理乳房？

挤奶前，乳房必须处于良好的预备状态。正确的乳房按摩会刺激奶山羊排乳。同时，清洗乳头、乳房，减少乳房和乳头皮肤上的微生物数量，可降低乳房感染疾病的风险。手工挤奶时污物、毛发或者皮肤碎屑易落入奶罐中，因此要求修剪母羊乳房周围和身体两侧的长毛，以免污物污染羊奶。

清洗乳房时，应选用一次性纸巾，以降低母羊乳房之间感染疾病的概率。乳房表面不干净时先用干净温水清洗，然后用一次性纸巾擦干。乳房清洗后如果不及时擦干，也会成为污染源。挤奶时污水可能顺着管道流入挤奶机，增加病原体传播的风险。因此，严禁在奶山羊乳房潮湿或乳头不干净时挤奶。

开始挤奶时，要检测奶杯盛装的头几把奶。从每侧乳房挤出一到两把奶，小心拿稳避免撒到手上、另一只乳头上和地板上。如果奶样稀薄、黏滑或伴有血腥味，则可怀疑母羊患有乳房炎；也可以检查乳房和乳头，寻找创伤、胀大和红肿部位。操作中要小心处理被污染的羊奶。

122 如何做好机器挤奶？

机器挤奶一般配有不同规格的挤奶机。挤奶机的构造比较简单，配置8~12个挤奶杯，挤奶台距地面约1米，以挤奶员操作方便为宜。挤奶机的关键部件为挤奶杯，是根据母羊的泌乳特点和乳头构造等设计的。奶山羊用机器挤奶时挤奶速度很快，3~5分钟内即可完成，2分钟内的挤奶量大约为产奶量的85%。目前研制和使用的奶山羊挤奶机每小时可挤100~200只奶山羊。

奶山羊乳房按摩结束后30秒，套上挤奶杯进行挤奶。挤奶期间必须时刻关注每只奶杯的工作状况，以达到最佳出奶量。只要操作得当，奶山羊可在任意时间内挤奶。奶杯套入正确，可避免吸入多余空气，预防乳房炎等疾病。

奶被挤完后要及时去掉乳头上的奶杯。奶杯去掉后，还有一些奶存于乳头末端，如果让其自然干燥，很可能会增加微生物繁殖的概率。最好的处理方法是挤奶后乳头用消毒剂蘸洗或喷洗，如使用有机碘溶液。

123 干奶期奶山羊母羊的饲养管理要点有哪些？

母羊经过一个泌乳周期和3个月的怀孕，体内营养消耗很大。为了保证母羊体况的恢复和胎儿对营养物质的需要，同时使乳腺细胞得到充分休息和修整，使母羊体内贮存一定量的营养物质，为下一个泌乳期奠定基础，要进行干奶。干奶期的长短应根据母羊的产奶水平、怀孕时间、体质状况综合确定，一般为 60～80 天。

干奶期母羊虽然停止产奶，但胎儿生长发育很快，对营养的需求很高。因此，饲喂除满足营养外，不能给其提供发霉、变质的饲料，以及冰冻的青贮饲料及饮水；要注意钙、磷和维生素的供应，可让母羊自由舔食骨粉、食盐；每天补饲红萝卜、南瓜等维生素含量高的饲料；注意圈舍和环境卫生，以降低乳房受到感染的概率。

124 **奶山羊母羊干奶的方法有哪几种？**

母羊干奶的方法一般有两种，即自然干奶法和人工干奶法。

（1）自然干奶法　此法主要适用于产奶量低、营养差的母羊，母羊往往怀孕 1～2 个月后便自行干奶。

（2）人工干奶法　对于产奶量高、产奶难于停止、营养条件好的母羊，要采取措施让其干奶，即人工干奶法。人工干奶分逐渐干奶法和快速干奶法。

① 逐渐干奶法　指逐渐减少挤奶次数，打乱挤奶时间，停止按摩乳房，适当减少精饲料的喂量，控制多汁饲料的喂量，使母羊在 2 周之内逐渐干奶。

② 快速干奶法　指在预定干奶的时间里，每次挤净乳房里的羊奶，7 天以后再挤 1 次，以达到快速干奶的目的。

不管采用什么方法干奶，都要经常检查乳房，防止乳房炎的发生。

125 **怎样饲养奶山羊种公羊？**

奶山羊种公羊的饲养管理分为非配种期的饲养管理和配种期的饲养管理两种。

（1）非配种期的饲养管理　非配种期的公羊饲养以恢复体力、增强体质为目标。因为公羊在配种期体力消耗很大，体况和精神状态明显降低。因此在饲喂上，饲料中可消化粗蛋白含量应保持在18%左右。每次饲喂时，先喂粗饲料后喂精饲料，并做到定时定量。同时，定期修蹄和刷试，坚持每天两次 3 小时以上的运动时间。春季天气逐渐变暖，公羊的采食量和食欲不断增强，因此要抓住时机，养好公羊。种公羊在配种前一个半月，要逐渐增加营养，以确保配种任务的顺利完成。非配种期的公羊应保持中等以上体况，被毛光亮，精力充沛。

（2）配种期的饲养管理　配种期的种公羊一般要求体质健壮，精力充沛，性欲旺盛，精液品质好。但配种期公羊脾气暴躁，易受环境影响，采食极不稳定，而且易兴奋，不思饮食。因此，在管理上要做到单独饲喂，远离母羊，避免过频交配。饲草要适口性好、营养丰富、体积小、种类多、易消化，以优质豆科干草为主；同时，补饲红萝卜、青苜蓿，并日饲喂鸡蛋2枚，每天运动时间不能少于2小时。

126 奶山羊饲养方式有几种？

奶山羊的饲养方式，根据各地的自然条件和当地习惯可分为放牧、系牧、半放牧半舍饲和舍饲4种。

（1）放牧　此是牧区饲养奶山羊的一种方式，适宜于人少地多、劳动力紧张的山区和牧区。用这种方法饲养的奶山羊，膘情和生产水平随季节的变化而改变。在牧草萌发、生长的季节，奶山羊的生产性能和膘情可以维持在一定水平；但枯草季节，奶山羊的生产性能降低，体况下降，甚至造成死亡。夏、秋季牧草旺盛，奶山羊可以吃到多种多样的青绿饲料，营养比较全面，维生素和矿物质的含量高；同时，空气新鲜、光照充足、适量的运动可增加奶山羊的抵抗力，有利于提高产奶量。

（2）系牧　这种方式适宜于没有专用牧场的农村和郊区。这些地方人多，土地利用率高，用绳索的一端套在羊的脖子上，另一端固定在地面或其他物体上，将奶山羊拴于路旁、田边或房前屋后，让其采食各种杂草，此饲养方式不占用劳动力。

（3）半放牧半舍饲　这是奶山羊的最佳饲养方式，可以降低饲养成本，节约劳动力。经此饲养方式培育的奶山羊体质健壮，抗病能力强；特别是青年羊和公羊，个体骨架大，质量好，有利于生产。

（4）舍饲　舍饲养羊就是把羊圈起来进行饲养。这种方式好处是，有利于品种的选择与培育，有利于疾病的群防群控，减少对环境的污染；缺点是投资大，饲养成本高，羊的运动量有限。奶山羊实行舍饲的饲养方式可以利用最新的饲养技术，在饲料条件、运动条件满足要求的前提下，获得较好的经济效益。

127 **怎样做好奶山羊的四季放牧？**

随着气候的变化，饲草资源也有很大改变，四季放牧就是要根据季节特点进行放牧。

（1）春季放牧　春季是一年中饲草最缺乏的季节。经过冬季放牧，原来的饲草已经不能满足羊的采食要求，而新草尚未长成。放牧时，羊群总是觉得远处的草比近处的多，到处乱跑找好草，结果不仅没有吃到，反而消耗了很多体力。俗语"草色远看近却无""三月羊，靠倒墙"就是对春季放牧的真实写照。因此，春季放牧要采取"一条鞭"的方法，不要让羊过多奔跑。为了避免羊群"抢青"而引起腹泻，可先在枯草的牧地放一会儿，等羊吃到半饱之后再将其赶到青草地上，羊习惯采食青草且消化器官适应后，再让其充分采食青草。另外，春季虽然气候逐渐变暖，但气温极不稳定，早晚较冷，放牧要晚出早归，中午少休息，防止羊吃露小草。

（2）夏季放牧　夏季青草茂盛，正是抽茎开花时期，且营养丰富，有利于羊群的放牧抓膘。但夏季天气炎热，多雨，蚊蝇多，因此放牧要选择高燥、凉爽的地方，以利于羊多采食和防暑。夏季放牧宜早出晚归，中午让羊在干燥、通风的地方多休息；另外，夏季放牧多采用"满天星"的放牧方法。

（3）秋季放牧　秋季是牧草抽穗结籽的时期。牧草籽穗含糖和脂肪较多，营养丰富，是奶山羊抓膘的好时机，放牧尽量选择新的牧草地，同时延长放牧时间。天未下霜时，放牧要早出晚归，下霜后要晚出晚归，中午继续放牧，集中一切力量抓好秋膘，为羊过冬度春贮备较多营养。秋季放牧要因地制宜，如在结籽实多的草地放牧，应尽量用"一条鞭"的方法，放田埂可用"一炷香"的方法，放秋茬地多用"满天星"的方法。

（4）冬季放牧　冬季放牧的任务是保膘、保胎和安全生产。冬季气候寒冷，饲草干枯，草秆粗硬，这时大部分羊已怀孕，所需营养除满足自身需要外，还要供给胎儿营养。因此，除放牧外还要做好补饲。放牧时，先远后近、先阴后阳、先高后低、先沟后平。早晨霜干后，马上放牧，中午少休息。

128 如何进行奶山羊的体况评分？

体况评分是指通过动物躯体特定部位的骨骼可见度、肌肉丰满度和脂肪覆盖度，评价其饲养效果和健康状况的技术方法。对奶山羊进行体况评分，能够帮助羊场技术员和饲养员及时掌握奶山羊的营养状况和健康状况，根据羊只所处的生理状态优化饲养管理方案，以达到提高生产效率和经济效益的双目的。

（1）评定部位　在奶山羊的生产周期中，适于体况评分的关键时期包括配种前期、妊娠后期、产羔时、泌乳初期、泌乳中后期等。评定部位是腰椎部、肋骨部和胸骨部，其中腰椎部是决定得分的关键部位。

① 腰椎部　包含腰肌，位于最后肋骨后方和腰角（或"十"字部）之前。腰椎骨有一个竖直的突起叫棘突，两个侧向的突起叫横突（图7-2）。此部位评分取决于脊椎骨上及其周围的脂肪覆盖状况和腰肌丰满度。评分者用手触摸这个部位，试着用指尖和手掌感触这个过程，以腰椎骨的尖锐度或钝圆度确定分值。具体做法：一是用指尖感触腰部中心点的棘突顶端是尖锐的还是钝圆的；二是用后手掌评估感触棘突两侧（脊椎骨的两侧）的眼肌丰满度和脂肪覆盖情况，确定棘突顶端位于腰部肌肉的高度，眼肌是浅薄的、适中的还是丰满的；三是用指尖和手掌感触横突的顶端是尖锐的还是圆滑的，沿着横突外侧能够滑行多远。

② 肋骨部　包括胸廓（肋骨开张）、肋骨脂肪覆盖及肋骨间的距离。触摸确定是否能感觉到每条肋骨。

③ 胸骨部　触摸胸骨上的脂肪含量或覆盖状态，可以用手捏、掐感触，看看能否抓起皮肤，并左右移动。

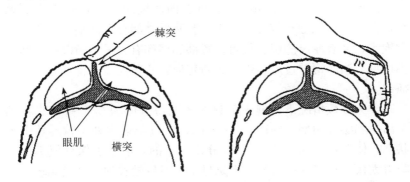

图 7-2　山羊腰部的椎骨突起与眼肌厚度

（2）评分标准　奶山羊体况评分的分值为 1.0～5.0，等级增幅为 0.5。

分值为 1.0 时，说明羊只极端消瘦。棘突明显尖锐。横突尖锐，手指很容易通过末端，可感觉到每个骨节。眼肌部很浅，无脂肪覆盖。肋骨清晰可见。胸骨脂肪很容易被抓起和左右移动。

分值为 2.0 时，说明羊只瘦弱。棘突明显但平滑，每个骨节只能感觉到细小的皱褶。横突平滑且为圆形，手指在末端稍用压力就可以通过。眼肌部厚度中等，仅有少许脂肪覆盖。部分肋骨隐约可见，并有少量脂肪覆盖。肋骨仍可触摸到。胸骨脂肪较宽厚，但还能抓起，可轻微地左右移动。

分值为 3.0 时，说明羊只膘情中等。棘突仅能检测到较小的高度，平滑而钝圆，每个骨节需用一定压力方可感觉到。横突平滑，覆盖良好，手指需用较大压力才能感觉到末端。眼肌部较为丰满，有中等程度的脂肪覆盖。肋骨几乎看不见，均匀地覆盖一层脂肪，需用力才能感到肋骨间距。胸骨脂肪宽厚，可以抓起，但几乎不能左右移动。

分值为 4.0 时，说明羊只较肥。棘突需用力压方可感觉到，在覆盖脂肪的眼肌部之间像一条硬线。感触不到横突末端。眼肌部饱满，有较厚的脂肪覆盖。肋骨不可见。胸骨脂肪难以抓起，且不能左右移动。

分值为 5.0 时，说明羊只肥胖。即使很用力压也感觉不到棘突，在正常可感触到棘突的地方，脂肪层之间存在凹陷。眼肌部非常饱满，并有厚厚的脂肪覆盖。臀部和尾部有大量脂肪沉积。肋骨不可见，脂肪覆盖过度。胸骨脂肪延伸，并覆盖在胸骨上，不能被抓起。

在大多数情况下，健康羊只的体况得分应为 2.5～3.5。在羔羊出生和泌乳初期（即产后 1～45 天），母羊通常处于营养负平衡状态，体况评分降到 2.0～2.5 分是正常的，但应确保分值不要下降得太快。在泌乳中后期，产奶母羊要保持较长的泌乳期和较高的产奶量，对营养的需求较高，需要给其供应充足而优质的饲料，使体况评分为 2.5～3.0 分。

八、奶山羊繁殖技术

129 奶山羊公羊生殖器官的构造与功能特点有哪些？

奶山羊公羊生殖器官构造见图 8-1，主要包括睾丸、附睾、输精管、精囊腺、前列腺、尿道球腺、尿道、阴茎、包皮、阴囊等。

（1）睾丸　公羊的 1 对睾丸，是产生精子和分泌性激素的腺体。睾丸内有许多睾丸小叶，小叶内密布曲细精管，曲细精管在250 克的睾丸中总长达 2 000 米，能产生精原细胞，精原细胞分裂、增殖、发育后成为精子。另外，管腔内还有叫足细胞的营养细胞，其含有的营养物质供精子生长发育所用。对奶山羊而言，从精原细胞到精子排出睾丸，需 49～50 天，每克睾丸组织每天可产生 2 400 万～2 700 万个精子。曲细精管之间分布着许许多多的间质细胞，它们分泌的睾酮有促进第二性征和副性腺发育的功能。

（2）附睾　在睾丸的一侧，外形分为头、体、尾三部分，是长达 35～50 米的屈回旋的管道。主要功能是促进精子进一步发育成熟，达到受精能力，并把精子贮存起来。另外，附睾还分泌一种浓稠液体，其作用是利于精子生存。精子在附睾中贮存的数量可达1 500 亿个以上，如久不采精，2 个月后活力降低，并逐渐被吸收。

（3）输精管　输精管是一个从附睾尾到尿生殖道背侧的细长管道，主要用来输送精子。其肌肉壁比较厚，是一个呈索状、外径2 厘米的弯曲管道，从附睾头向附睾尾逐渐变直，与血管、淋巴管和神经束组成精索，并通过腹股沟进入腹腔。输精管进入腹腔在膀胱上方与膀胱并行，逐渐变粗形成输精管壶腹部。该部分富有腺体，有分泌作用，开口于尿道。

（4）精囊腺　精囊腺位于尿生殖褶内，在输精管壶腹的外侧。精囊腺由小叶构成，每个腺小叶都分布着分泌管，最终这些分泌管形成一条主导管而位于腺体中央。含有高浓度的蛋白质、钾、柠檬酸、果糖和酶，pH 为 5.7～6.2，为精子提供营养并能刺激精子运动。精囊腺分泌物一般占每次正常射精量的 50%。

（5）前列腺　由两部分构成，包围在尿道周围，有成行的小管，开口于尿道内。分泌物呈弱碱性，pH 为 7.5～8.2，主要成分为酸性磷酸酶、纤维蛋白溶解酶和钙，能中和阴道中的酸性阴道液和精子代谢产生的二氧化碳，并刺激精子，增强其活力。

（6）尿道球腺　又叫 Cowper 腺，是 1 对灰黄色致密的核桃般大小的腺体，位于尿道上方，覆盖在球海绵体肌下面。每个腺体的分泌管联合为一导管，开口于尿道的背侧壁、精阜的后方。尿道球腺分泌的一种黏蛋白，呈碱性，公羊射精时首先排出这种液体用于清洗尿道。

（7）尿道　又称尿生殖道，是尿液和精液的共同通道，分为尿道骨盆部和尿道阴茎部。尿道骨盆部呈圆柱状，位于骨盆底部内壁。它绕经坐骨之后，延续为阴茎部，即阴茎本身。在阴茎海绵体腹侧，有尿道开口于尿道突上。

（8）阴茎和包皮　为公羊的外生殖器，是交配器官，起排尿和将精液注入母羊生殖道内的作用。阴茎呈圆柱形，比较坚实，外面被覆致密的纤维膜，也称白膜。平时隐缩在包皮内，与母羊交配时勃起。公羊的阴茎前端有细长的尿道突起，可把精液送到母羊子宫颈口，便于母羊受精。包皮腔长 35～40 厘米，包皮口的周围长有较长的阴毛。包皮黏膜形成许多纵的皱褶，黏膜内有能分泌油脂性分泌物的腺体。

（9）阴囊　具有保护睾丸和调节睾丸温度的功能，位于两股之间，呈袋形。阴囊皮肤较薄，上长有短而柔软的细毛，皮下富有汗腺和皮脂腺。阴囊皮下为一层内膜，由平滑肌、结缔组织和皮下筋膜组成，并在囊中间形成阴囊中隔，将两个睾丸隔开。温度下降时，睾丸提肌收缩提起睾丸，阴囊皱缩；当温度上升时，睾丸提肌松弛，肌膜舒展，阴囊壁就松弛、下垂。

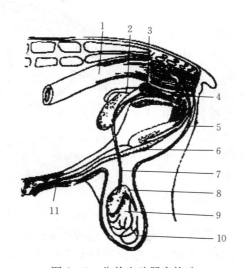

图 8-1 公羊生殖器官构造

1.直肠 2.输精管壶腹部 3.精囊腺 4.尿道球腺 5.阴茎 6.S状弯曲 7.输精管 8.附睾头 9.睾丸 10.附睾 11.阴茎游离端

130 奶山羊母羊生殖器官的构造与功能特点有哪些？

奶山羊母羊的生殖器官构造见图 8-2，主要包括卵巢、输卵管、输卵管伞、子宫（子宫角、子宫体、子宫颈）、阴道、外生殖器等。子宫颈以前的内生殖器官由强大的阔韧带（包括卵巢阔韧带和子宫阔韧带）将其附着于腹腔后部、骨盆腔的两侧壁，子宫颈以后的部分由结缔组织及脂肪将其固定在骨盆腔中。

（1）卵巢 是母羊的重要生殖腺，主要功能是产生和排出卵子，分泌雌激素和孕酮。形状为椭圆形，一般由卵巢韧带固定在肾脏后面，以及骨盆腔入口处两侧子宫角尖端的附近。后备青年母羊的卵巢，位于骨盆腔内；经产母羊的卵巢，多在耻骨前缘的前下方腹腔内。卵巢有髓质部和皮质部，髓质部由结缔组织、血管和神经构成；皮质部在卵巢的外围，其结缔组织在皮质的外面形成白膜。皮质都有处于不同发育阶段的卵泡。

（2）输卵管和输卵管伞　输卵管是连接卵巢和子宫的一条弯曲管，包被在输卵管系膜内，它的卵巢端紧贴于卵巢附近，但不与卵巢相连，呈漏斗状，

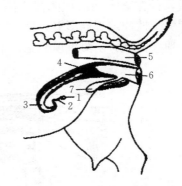

图8-2　母羊生殖器官构造
1. 卵巢　2. 输卵管　3. 子宫角　4. 子宫颈
5. 直肠　6. 阴道　7. 膀胱

其边缘有很多不规则的突起和皱襞，叫做伞。伞接过从卵巢排出的卵子和卵泡液，将其输送到输卵管。输卵管长20厘米左右，卵巢端较粗，称为输卵管壶腹部，子宫端较细称峡部。输卵管的管壁由黏膜、肌层和浆膜组成。除输送卵子外，输卵管还是精子和卵子相遇而形成合子的地方，再将合子输送到子宫里。

（3）子宫　是胚胎发育成胎儿并供给其营养的地方，由子宫角、子宫体和子宫颈构成。子宫角分左右两个，其尖端较细，与输卵管相连，无明显界限；基部较粗，两角基部并行，从外表上看形成一纵沟，称角间沟。两子宫角从基部开始向前下方偏外侧弯曲，似绵羊角，子宫阔韧带连在小弯上，子宫体长约3厘米，是两子宫角汇合后的一段，另一端与子宫颈相连。子宫颈长4～5厘米，直径约2厘米，颈管壁较厚，质地较硬，黏膜上有许多纵褶皱，因此使子宫颈管成为螺旋形。子宫颈的一端连接子宫体；另一端向阴道突出，形成子宫颈阴道部，一般为2片或3片突出。上片较大，子宫颈外口的位置多偏于右侧。子宫壁由黏膜、肌层和浆膜构成，肌层有厚的内环行肌和较薄的外纵行肌。黏膜上有卵圆形突起的子宫阜，又称子叶，一般在角内呈4行排列，两角共160～180个，妊

娠时形成母体胎盘。子宫阜之间的黏膜内分布子宫腺。妊娠初期，胚胎在着床之前，靠子宫腺分泌的子宫乳作为营养物质。

（4）阴道　是母羊的交配器官和胎儿的产道，位于骨盆腔内，即子宫颈外口到尿生殖前庭的一段，长8～14厘米，阴道穹隆的下部极不明显。阴道呈袋状，壁厚，黏膜也较厚，并形成纵行的褶皱。

（5）外生殖器　母羊外生殖器包括尿生殖前庭、阴唇和阴蒂。尿生殖前庭是阴道瓣膜到阴唇的一段，长2.5～3厘米。其两侧壁有发达的前庭大腺，有2～3条小管开口于一黏膜凹陷内，底壁有前庭小腺的开口。阴唇构成阴门的两侧壁，其上、下端为阴唇的上下角，两阴唇间的开口叫阴门裂，阴门裂的上联合较圆，下联合较尖且外面生长着许多细长的阴毛。下联合的内方有一小突起，叫阴蒂，由海绵组织构成，其黏膜上长有丰富的感受神经末梢。

131 奶山羊母羊的怀孕期一般有多长时间？

怀孕期是动物受孕到产出后代的一段时间。自然交配下，奶山羊母羊一般怀孕145～152天，平均148.5天。如果进行人工授精的话，奶山羊怀孕期会缩短，比自然交配的受孕母羊提前3～5天产羔。

132 奶山羊羔羊什么时候配种比较好？

羔羊一般饲养到90日龄就可断奶，此时体重可达17～21千克。奶山羊性成熟较早，公羔3个月、母羔4～5个月时生殖器官基本发育成熟，开始出现性行为。主要表现是公羊开始尾随、爬跨母羊；母羊叫唤，不安心吃草，阴唇稍微红肿，主动靠近公羊，接受其爬跨。这个时期，母羊虽然具有生殖能力，但身体还未生长发育成熟。过早配种，会影响母羊生长和胎儿发育，以致影响其生产性能，降低利用年限。为了防止早配，在羔羊2月龄时，应将公、母羊分开饲养。

羔羊断奶后即进入青年羊阶段，一般公羊体重不低于40千克、母羊体重不低于 35 千克时即可配种。

133 什么时候给奶山羊配种最好？

羊属于季节性发情动物，当光照由长变短，由强变弱，早、晚有温差时，母羊就会表现发情。在高温季节和寒冷季节，母羊的发情率最低。我国北方地区每年的 8～10 月，是奶山羊母羊的发情高峰期。

奶山羊母羊一般在 8～9 月配种，翌年 1～2 月产羔，即"冬羔"。产羔期间，正是冬末春初季节，天气较冷，羊的疾病少，羔羊生长发育快；到羔羊断奶时，气候已经变暖，青草充足，如果加强饲养，所产羔羊当年即可配种。

134 为什么我国北方养殖的奶山羊每年集中在 8～10 月发情？

山羊的繁殖行为受到光照、纬度、气温、营养等因素的影响。在我国北方地区，奶山羊季节性发情受日照的影响明显。北方地区 8～10 月光照时间由长变短，光照作为信号因子激活 Kisspeptin - GnRH 信号通路，从而调控奶山羊机体促性腺激素的分泌，使奶山羊出现排卵而表现发情症状。

北方地区奶山羊母羊发情的季节性也是自然选择的结果。在我国的北方地区，母羊发情交配发生在秋季，在经历 5 个月的妊娠期后，于翌年春季分娩产羔。此时牧草丰富、气候温暖，羔羊出生后可以避免因牧草缺乏而死亡，进而提高成活率。

135 奶山羊什么时间达到性成熟？

动物生殖器官发育完全、性腺中开始形成性细胞和分泌性激素时，称为性成熟。奶山羊性成熟的时间因品种和分布地区不同而略有差异，一般在 3～6 月龄。公羊的性成熟年龄比母羊早，成年体重较小的奶山羊品种性成熟较早。性成熟的奶山羊身体尚未发育成熟，不能过早配种，以免影响以后的生长发育。

136 奶山羊处在发情周期时身体有何变化？

母羊到了初情期后，其生殖器官和整个有机体便发生一系列的周期性变化，这种变化在繁殖季节内周而复始，一直到停止性机能活动的年龄为止，这种周期性的活动，称为发情周期。一般是指从这个发情期开始，到下个发情期开始的时间间隔。奶山羊的发情周期为18～22天，平均为20天。营养良好的母羊或壮年母羊发情周期短，发情表现明显；青年羊、老龄母羊或营养不良的母羊其发情周期较长，发情表现也不明显。

母羊发情时，身体发生一系列生理变化。根据这些变化，发情可分为以下四个时期。

（1）发情前期 卵巢中黄体开始萎缩，新卵泡开始发育，生殖器官黏膜上皮细胞增生，纤毛数量增加，生殖腺活动加强，分泌物增加，但阴道内尚无分泌物流出，母羊无性欲表现。

（2）发情期 这个时期母羊表现出强烈的兴奋，卵巢中卵泡迅速发育，最后成熟破裂、排卵。生殖道明显充血，阴唇肿胀，子宫颈口开张，腺体活动增强，从阴道中排出黏液。若卵子受精、母羊妊娠后，发情周期即停止，直到分娩后重新出现发情周期。若卵子没有受精，则转入发情后期。

（3）发情后期 排卵后卵巢内黄体形成，发情表现消失而恢复原状。

（4）休情期 又称间情期，指从上次发情结束到下次发情开始之前的一段时间。此期母羊性器官没有变化，没有性活动，生理上处于相对静止状态。

137 什么是发情持续期？奶山羊母羊发情时有何表现特征？

发情持续期又叫发情期，即母羊发情。指从母羊外部有发情表现开始，到发情表现结束的一段时间，该期母羊表现出了性欲要求和性行为。发情母羊表现为经常鸣叫，食欲减退，精神不安，喜接近公羊或爬跨其他母羊。当受到公羊或其他母羊爬跨时，发情母羊则站立不动，不断摇尾。阴部红肿，有少量黏液流出，排尿频繁，泌乳期母羊产奶量明显下降。

发情持续期的长短因品种、年龄、配种季节的不同而异。发情持续期的时间一般为18～36小时，羔羊和青年羊的发情持续时间最短，成年羊的较长；配种季节的初期和末期较短，中期较长。母羊的排卵时间在发情结束后12小时左右。

138 怎样对奶山羊母羊进行发情鉴定？

奶山羊母羊正常的、完整的发情，包括精神状态的变化、交配欲等外部表现，以及生殖道的变化、卵巢的变化、卵泡形成、排卵等方面的生理变化，发情鉴定就是根据这些生理变化而进行的。只有及时发现发情母羊，掌握其卵泡发育和排卵规律，才能确定配种时间，以防漏配，从而提高受胎率。

发情鉴定方法有外部观察法、阴道检查法和试情法3种。

（1）外部观察法 发情时，母羊外观变化明显，这是发情鉴定的主要依据。根据母羊的外部表现和精神状态，可以判断其发情与否。母羊发情时，兴奋不安，经常鸣叫，食欲减退，尾根抬起，喜接近公羊或接受其他母羊爬跨，当公羊或其他母羊爬跨时，则站立不动，不断摇尾。外阴部红肿，有少量黏液流出，排尿频繁。另外，也有少数母羊没有明显的外部变化，称为"安静发情"。对安静发情则要仔细观察，只要阴门稍微肿胀，并有少量黏液流出则可初步将其判定为发情母羊。

（2）阴道检查法 除外部观察法之外，还可用阴道检查法对母羊进行发情鉴定，这种方法又叫开膣器法，是鉴定羊只发情的辅助方法，主要用来观察阴道黏膜分泌物和子宫颈外口的变化。不发情母羊阴道黏膜苍白、干燥，子宫颈口闭锁。发情时，阴道黏膜充血、潮红、润湿，阴道内有较多的黏稠分泌物。有时打开阴道，可见黏液呈柱状从子宫颈内流出，与阴道内黏液连在一起。随发情时间的延长，黏液由稀变稠、量由多变少，子宫颈外口充血、松弛、开张，检查方法如下：

① 将母羊牵住固定，洗净并擦干其外阴部。

② 将开膛器洗净擦干，用 75％酒精棉球擦拭，以酒精火焰消毒，然后涂上灭菌的滑润剂。

③ 操作者左手将阴门打开，右手持开膛器（将开膛器拢紧），稍向上方插入母羊阴门，然后水平方向进入阴道。

④ 转动开膛器并将其打开，用反光镜或手电筒照射，观察阴道内的变化。

⑤ 检查完毕后，把开膛器稍稍合拢，但不要完全合拢，缓缓从阴道内抽出，防止损伤阴道壁黏膜。用完后的开膛器要及时用热碱水洗涤，并用清水冲净，消毒后可用来检查另一只母羊或者再保存备用。

（3）试情法　对较大的奶山羊群体，部分发情表现不明显的母羊不易被发现，但可用试情公羊来寻找发情母羊，试情的准确与否和配种效果关系密切。若试情组织得不好，则会拖长配种时间，造成配种工作混乱，影响受胎率。

一般应选择身体健壮、性欲旺盛、没有疾病的公羊作为试情羊，目的是发现发情母羊。为避免偷配，要给试情公羊系试情布（用长 40 厘米、宽 35 厘米的白布，四角系上带子，试情时系在试情公羊腹下，使其无法直接交配），结扎输精管或进行阴茎移位手术等。试情应在每天清晨进行。若试情公羊用鼻去嗅母羊，或用蹄去挑逗母羊，甚至爬跨到母羊背上，而母羊不动、不跑、不拒绝或伸开后腿排尿，这样的母羊就是发情母羊。

139 奶山羊配种的方法有哪些？

奶山羊的配种方法有自然交配、人工辅助交配和人工授精 3 种。

（1）自然交配　平时饲养过程中将公、母羊分开饲养，到配种季节按 100 只母羊放入 5～6 只公羊进行自然交配；另一种方法就是将公、母羊混群饲养，任其自由交配。这种方式的优点是节省劳力，减轻工作强度，减免繁琐的管理环节；缺点是无法控制产羔时间和无法避免近亲交配，容易造成小母羊过早交配，难以了解受胎时间，并造成系谱不清。特别是在配种季节，公羊之间经常发生角斗，不仅影响母羊采食，而且公羊体力消耗也大，对管理造成不便。

（2）人工辅助交配　将公、母羊分开饲养，在配种季节发现母羊发情后用指定的公羊进行交配，这种方式可以减少公羊体力消耗，有计划地进行选种选配工作，预测产羔时间，克服自然交配的不足，并进行必要的记载工作，但花费较大的人力和物力等。

（3）人工授精　利用采精器械采集公羊的精液，并对精液进行稀释处理，然后用输精器将精液输入到发情母羊的子宫颈口或子宫颈深处。这种方法的好处是能提高优秀公羊的利用率，减少种公羊的饲养量，降低饲养成本。自然交配情况下，1只种公羊在一个配种期内只能承担 30～60 只母羊的本交配种任务。但用人工授精的方法，1只种公羊不仅可承担 300～600 只甚至更多母羊的配种任务，而且还能预防疾病的发生和交叉感染；利于选种选配，防止近亲繁殖，加速羊只改良，提高生产性能。人工授精涉及步骤较多，主要包括公羊采精、精液检查及稀释、母羊输精等环节。

140 怎样确定发情奶山羊母羊的最佳配种时机？

母羊发情配种后能否受孕与其体况、胎次、年龄，公羊的精液品质及配种时机关系很大，准确掌握最佳配种时机对提高人工授精后的受胎率至关重要。

母羊的发情持续期（从发情开始到发情终止的时间）一般为 1～3 天。青年母羊的发情时间较长，配种时间应稍推后；7胎以后的母羊发情持续时间较短，应在发情后配种；3～6 胎的母羊发情后，配种的时间应在发情中期进行。母羊发情后的排卵多发生在发情的后半期，即发情后 12～36 小时，因此在发情的后半期配种最易受孕。

141 怎样提高奶山羊母羊的受胎率？

奶山羊的发情配种季节性很强，如果在入冬之前还未受孕，就会对下一年的生产造成影响。提高奶山羊母羊的受胎率必须做到以下几点：

（1）在配种前要加强种公羊和种母羊的饲养管理 配种前2个月，开始进行短期优饲，多给奶山羊配种公羊和配种母羊含蛋白质、维生素和矿物质丰富的饲料，特别是青绿饲料和蛋白质饲料，能增强配种公羊的精子活率，促进配种母羊发情，增加排卵数量。

（2）选好种公羊 要选择2～4岁、体质健壮、性欲旺盛、繁殖和遗传力强的种公羊，且膘情适中，过肥或消瘦对配种都不利。

（3）适时配种 不管是本交还是人工授精，都要掌握好配种时间，配种可在发情中期和发情即将结束时进行。人工授精一定要规范操作，并做好消毒工作。

（4）做好圈舍和环境卫生 经常保持圈舍及环境的干净卫生，能有效预防疾病的发生，给奶山羊种羊创造一个舒适的配种环境。

（5）加强饲养管理 配种后应加强种母羊的饲养管理，做好保胎和防流产工作。

142 怎样辨别奶山羊母羊是否妊娠？

奶山羊母羊配种后，应及时做好妊娠诊断工作，特别是做好早期诊断工作。对经检查确定怀孕的母羊应加强饲养管理，防止流产，同时做好接产准备工作。奶山羊母羊的妊娠检查方法主要有以下几种。

（1）外部观察法 健康而且发情正常的奶山羊母羊，如果配种后20天不再发情，且试情时拒绝公羊爬跨，则即可判定该母羊已经怀孕。此后，其消化能力增强，食欲增加，毛色光亮，体重增加。怀孕初期，阴门收缩，阴门裂紧闭，黏膜颜色变为苍白，黏膜上覆盖有从子宫颈分泌出来的浓稠黏液，并有少量黏液流出阴门。随着妊娠日期的增加，外阴部下联合向上翘起。头胎母羊60天后乳房开始发育，基部变得柔软、红润。

（2）腹部触诊法　此法适用于怀孕2个月以上的羊，一般在早晨空腹进行。检查者将母羊的头颈夹在两腿中间，将两手放在母羊腹下、乳房前方的两侧部位，并慢慢托起腹部，左手向羊的右腹方向微推，感觉是否有硬物。如果感觉有硬块，则说明母羊已怀孕。检查时，动作要轻，以防造成母羊流产（图8-3）。

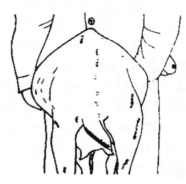

图8-3　腹部触诊法示意图

（3）阴道检查法　主要检查黏膜和黏液。怀孕母羊阴道黏膜为粉红色，排出的黏液量少而黏稠，能拉成线。空怀母羊阴道黏膜为粉红色或苍白色，排出的黏液量多而稀薄，色灰白。

（4）超声波法　指用超声波的反射进行妊娠检查。根据多普勒效应设计的仪器，探听血液在脐带、胎儿血管、子宫中动脉和心脏中的流动情况，能成功地测出妊娠26天的母羊；母羊妊娠6周时，该法诊断结果的准确率可达98%～99%。直肠内超声波探测法减少了外部探测时羊毛等对超声波的吸收。探杆触到子宫中动脉时，可测出母体心率（90～110次/分钟）和胎盘血流声，从而准确地进行妊娠诊断。

（5）探诊棒检查法　将禁食12小时的母羊倒卧保定，后肢放在能使胃部肌肉松弛的位置，先在直肠内灌入肥皂水30毫升，将塑料探诊棒涂些滑润剂，轻轻送入直肠，并沿背柱下方深入向前后、左右移动，直至插入30厘米左右，将棒压向胎儿所处的腹腔后部。若母羊已怀孕，则子宫内就有实体的感觉；若母羊未怀孕，则由腹壁外可清楚地摸到塑料棒，在腹腔内感觉不到胎儿。检查时应防止探棒在子宫与腹壁之间滑动而造成误诊。

143 怎样对奶山羊进行同期发情？

温带地区奶山羊表现季节性繁殖。为了使羊群全年有规律性地产奶和有效利用保育舍，提高羊场工作效率，可以对奶山羊进行人工刺激发情。

将拟进行同期发情处理的舍饲奶山羊或放牧奶山羊按照体重、体况合理分群。同期发情处理一般安排在早上。用导栓管（直径为2.0厘米、内外表面光滑的塑料管）将孕酮阴道海绵栓置于母羊子宫颈口处，孕酮阴道海绵栓尼龙牵引线在阴门外留置长度约5厘米，剪掉多余部分。放置孕酮阴道海绵栓后第14天撤栓，撤栓前一天每只母羊肌内注射孕马血清促性腺激素150单位（体重约50千克，一般应根据母羊体重大小适当调整剂量），撤栓后的当日下午和次日早晨大部分处理母羊表现出发情症状，同期发情率一般为90%以上。

144 怎样对奶山羊进行诱发发情？

非繁殖季节诱发发情在奶山羊生产中具有非常重要的意义。诱发发情就是母羊在生理性或病理性乏情期内，借助外源或其他方法，恢复其正常发情和排卵的繁殖技术。这种技术可以缩短繁殖周期，增加胎次，提高奶山羊的繁殖率。利用诱发发情技术可以按生产计划在春季（非繁殖季节）进行配种，8～9月产羔，以满足秋、冬季对羊奶的需求，做到全年均衡产奶，提高经济效益。另外，还可对低产母羊进行处理，实施两年三胎的产羔计划，提高母羊的利用率。同时，诱发发情也能延长低产奶山羊的泌乳期。奶山羊的诱发发情多采用激素处理法和人工光照法。激素处理法处理周期短，适用于个体或群体，不需要特殊的设备，在生产中比较适用。

（1）激素处理法　目前常用的诱发发情药物，根据其性质可以分为抑制卵泡发育和发情的制剂（如孕激素），以及促进卵泡发育成熟和排卵的制剂（如促性腺激素）共两类。孕酮和其他孕激素类化合物用药时间分为短期（6～12天）和长期（16～21天）两种；用药方式包括口服法、注射法、阴道栓塞法和埋植法。促性腺激素通常用孕马血清促性腺激素配合孕激素进行诱发发情，一般为皮下注射或肌内注射，剂量为300～500单位/只，在使用孕激素前48小时或同时给予注射。母羊发情后，第一次配种时以人绒毛膜促性腺激素或促黄体激素释放激素类似物进行静脉注射，以促进母羊排卵。

（2）人工光照法　用人工光照法可以使奶山羊在非繁殖季节发情，冬季产奶。具体做法是在羊舍屋顶离地面3米左右处，每隔3米²安装1盏/40瓦日光灯。从每年1月1日起，每日增加光照8～20小时，每日1:00～5:00关灯，持续光照60天，此后恢复自然光照（14～15小时）。由于奶山羊是典型的短日照发情动物，因此若采用短日照（光照8小时、黑暗16小时）处理，在光照处理结束后7～10周母羊便开始发情。

145 市场常见的孕酮栓有哪几类？它们有何区别？

目前，同期发情技术在大规模集约化奶山羊养殖场得到了广泛应用和推广，其中以阴道孕酮栓结合促卵泡发育类激素的同期发情方案应用最为广泛。选择合适的阴道栓不仅可提高同期发情效果，更有利于提高母羊受胎率及产羔率。

目前山羊阴道孕酮栓常见有两种类型，即阴道孕酮海绵栓和阴道孕酮缓释硅胶栓。这两种栓主要区别如下：

（1）材质　孕酮海绵栓由海绵制作而成，而孕酮缓释硅胶栓采用硅胶材质。

（2）孕酮包被方法　孕酮海绵栓是将海绵浸渍在含有孕酮的液体中制作而成的，也可将含有孕酮的液体喷淋在海绵上。孕酮缓释硅胶栓是将孕酮包裹在硅胶管之内，在硅胶管顶端留有数个小洞，放置在阴道内时孕酮可从小洞中缓慢释放出来。

（3）孕酮含量　一般情况下孕酮海绵栓的孕酮含量为30～60毫克，而孕酮缓释硅胶栓的孕酮含量多为300毫克。

（4）形状　孕酮海绵栓呈圆柱状，孕酮缓释硅胶硅呈 Y 形。

（5）价格　孕酮缓释硅胶栓的价格是孕酮海绵栓的数倍，每枚售价 40 元左右。

（6）使用效果　两种栓均可有效地用于奶山羊母羊同期发情、超数排卵工作中。但孕酮缓释硅胶栓可在调控奶山羊母羊进入黄体期时，释放更缓慢、稳定，效果较好；但由于其价格较贵，目前实际生产中往往在奶山羊供体母羊的超数排卵时使用。

146 如何选择和准备用于采精的奶山羊种公羊？

（1）采精用的奶山羊种公羊年龄应为 1.5～6 岁，体质结实，生产性能良好，生殖器官发育正常，符合种用条件，性欲旺盛，精液品质优良。

（2）奶山羊种公羊在配种前 3 周开始排精，第 1 周隔 3 日排精 1 次，第 2 周隔 2 日排精 1 次，第 3 周隔 1 日排精 1 次，以提高种公羊的性欲和精液品质.

（3）初次用于配种的种公羊，须调教，使其习惯于假阴道采精。

147 怎样做好采精器械的准备工作？

在采精、精液处理、输精等过程中，与精液接触的所有器械用品，用前均需彻底清洗，并用蒸馏水冲净后晾干。玻璃器皿采用干燥箱高温消毒（120 ℃，15～30 分钟）或高压灭菌锅（115 ℃，30 分钟）消毒；假阴道内胎、温度计、金属镊子用 75％酒精棉球擦拭消毒；精液稀释液隔水煮沸 10～15 分钟消毒；其余用品采用紫外灯消毒。

148 如何安装假阴道？

将假阴道内胎光滑的一面向里，套在假阴道上，两端用胶圈固定，用酒精棉球消毒，待酒精挥发后，再用消毒生理盐水棉球擦拭，然后灌装 50 ℃左右的热水约 160 毫升，用消毒的玻璃棒将白凡士林涂抹在假阴道内胎一端 1/3～1/2 处；另一端安装好预热的集精杯，通过气嘴向假阴道吹气，使其表面呈"Y"字形或三角形，调整温度至 40 ℃左右即可。

149 如何对奶山羊种公羊进行采精？

奶山羊种公羊在采精之前，应用干净的湿毛巾将阴茎包皮周围擦拭干净。采精人员蹲于台羊右侧，右手持假阴道与地面成 35°～40°角。紧靠于台羊尻部。当种公羊爬跨于台羊背上并伸出阴茎时，采精人员迅速用左手轻托阴茎包皮，将阴茎导入到假阴道内。公羊射精后，工作人员立即将假阴道竖起，排出空气，取下采精杯，盖上采精杯盖，挂上公羊牌号待检。

奶山羊种公羊每次采精后应做好采精记录，标明采精日期、采精时间，射精量，精子活率、颜色、密度，以及稀释液种类、稀释倍数等。

150 精液品质常规检查包括哪些项目？

奶山羊种公羊精液品质检查的常规项目为射精量、色泽、气味、精子活率和精子密度等。

（1）射精量　用假阴道采精，奶山羊种公羊每次射精量为 0.5～2 毫升，平均为 1 毫升。

（2）颜色　正常精液颜色为乳白色，出现红色、褐色和绿色的精液均不能用于输精。

（3）气味　正常精液无味或略带腥味，有臭味的精液不能用于输精。

（4）精子活率　指精液中呈直线前进运动的精子数占总精子数的百分率。100% 的精子呈直线运动，评为 1.0；90% 的呈直线运动，评为 0.9，依此类推。羊新鲜精液的活率一般是 0.75～0.9。液态保存的精液，活率在 0.6 以上者方可用于输精；活率在 0.7 以上者方可用于制作冷冻精液，冷冻精液解冻后精子活率在 0.3 以上者可用于输精。

（5）精子密度　指单位体积内含有的精子数目。取原精液一滴，用压片法镜检。若显微镜视野中布满密集的精子，看不清单个精子的运动，则评为"密"级。若精子间的距离约等于一个精子的长度，可以看清单个精子的运动，则评为"中"级。山羊用于输精的精子密度在"中"级以上。

151 精液检查时需要注意哪些事项？

（1）精液采集后要迅速置于 30 ℃左右的恒温水浴锅中或恒温箱中，以防温度突然下降对精子造成低温（如温度从 10 ℃下降到 0 ℃）打击。

（2）检查时动作要迅速，操作时避免精液品质受到伤害，与精液接触的所有器械和用品均应保持清洁、干燥、无菌。

（3）取样要有代表性，要从全部精液中取样，取样前要轻轻摇动精样。

152 常用的精液稀释液有哪些？

（1）鲜羊奶　取新鲜、无污染的干净羊奶少许，用 3 层纱布将其过滤后装入容器中。用水浴法加热至 95～98 ℃，并持续 15～20 分钟，然后降温至 30～35 ℃，去掉鲜奶上面的脂肪，吸取鲜奶中层的羊奶即可。

（2）0.9％生理盐水（人用）　可直接作为稀释液使用。

（3）葡萄糖柠檬酸钠卵黄稀释液　将葡萄糖 3 克、柠檬酸钠 1.4 克，加入 100 毫升蒸馏水中溶解，并用滤纸进行过滤。用水浴法加热煮沸消毒，待冷却后加入青霉素和链霉素各 10 万单位。将新鲜鸡蛋洗净，用 75％酒精涂擦后晾干，在无菌条件下打破蛋壳，分离出蛋黄，取 20 毫升蛋黄加入溶液即可。

153 配制精液稀释液有何要求？

（1）蒸馏水要纯净，现用现制或用密封瓶装的成品蒸馏水。

（2）配制稀释液的药品、试剂要称量准确，配制溶液要准确。

药品溶解以后过滤，密封后进行消毒。一般采用隔水煮沸消毒（煮沸 15～20 分钟），注意加热时应缓慢，防止容器爆裂。所用化学试剂必须是分析纯。

（3）乳或奶粉要新鲜，使用时要先过滤，然后在 92～95 ℃的水中持续加热 10 分钟（以杀死混在奶中的微生物，并使对精子有杀害作用的乳烃素失活）。卵黄要取自新鲜鸡蛋。先将鸡蛋洗净，再用 75％酒精消毒，待酒精挥发完后在无菌条件下破壳，去掉蛋清吸取蛋黄。

（4）抑菌物质，如青霉素、链霉素等，用量要准确，过量对精子有杀害作用。注意必须在稀释液冷却后加入，混匀。另外，还要注意在加入卵黄前先加入抑菌物质，否则难以溶解均匀。

（5）配制稀释液的一切物品、用具都要严格消毒，并保持洁净、干燥。

（6）稀释液最好现配现用，如使用不完，则可存放在冰箱内，但存放时间不要超过 1 周。

154 如何进行精液稀释及低温保存？

输精前，将检查合格的精液与稀释液在同一温度下（30 ℃）按合适的比例进行稀释。稀释时将稀释液沿瓶壁缓缓注入精液内，并轻轻摇动混匀。取一滴检查活率，合格者即可用于输精或保存。

低温保存是生产中常用的一种精液保存方法。低温保存时，将稀释好的精液按 10～20 头份的计量分装于等温的玻璃小瓶内（瓶内最好装满精液，不留空隙，加塞盖紧）。然后将这些小瓶立于装有 30 ℃温水的容器内，连同容器一起放入冰箱。也可将分装好的小瓶用 8～12 层纱布包裹置于 2～5 ℃的低温环境中保存。保存期间应尽量维持温度恒定，防止温度忽高忽低。

155 精液运输要注意什么问题？

运输的精液应附有详细说明书，注明公羊品种、公羊号、采精日期、精液剂量、稀释液种类、稀释倍数、精子活率和密度等。包装应严密，要有防震衬垫，如纱布或棉花。包装工具可用广口保温瓶、冰瓶等。运输过程中必须维持温度恒定，切忌温度发生变化；另外，还要避免在运输途中剧烈振动和碰撞。

156 怎样才能做好奶山羊母羊的输精工作？

输精是人工授精的最后一个技术环节，适时而准确地将一定量的优质精液输到发情奶山羊母羊生殖道内，是保证母羊获得较高受胎率的关键。

（1）确定奶山羊母羊适宜的配种时间　人工授精的最佳时间是母羊发情后的 12～24 小时，但一般母羊开始发情的时间很难判定。为做到适时输精，对于每天早晚两次试情且傍晚试出的发情母羊于次日上午、下午各输精一次，清晨试出的发情母羊当天下午和次日清晨各输精一次。

（2）准备输精母羊　将外阴部已经消毒的待输精母羊采用前低后高的姿势保定在输精室内的输精架上或输精坑内。

（3）准备输精器　输精器在输精前必须彻底清洗，严格消毒，输精前再用精子稀释液冲洗 2～3 次。输精器最好是每只母羊一支，如需多次使用，则先用酒精棉球擦拭，再用精子稀释液冲洗后才能使用。

（4）确定输精剂量　输精剂量主要由每次输精的有效精子数即直线前进运动的精子数决定。山羊每次输精时应输入有效精子数0.5 亿个。

（5）准确输精　先将灭菌生理盐水湿润的开腔器合拢，竖直斜向上插入母羊阴户后，轻轻转动开腔器 90°，以合适的角度张开，查找子宫颈口，将输精器顺开腔器伸入子宫颈口内 0.5～1 厘米处注入精液，然后抽出输精器和开腔器。至此，整个人工授精流程结束。

九、奶山羊日常饲养管理技术

157 奶山羊多长时间修蹄？如何修整？

舍饲奶山羊一般每2个月修蹄一次。羊蹄和人手指甲一样，不断生长，因此必须经常修剪。如果长期不修剪，不仅影响行走，而且还会引起蹄病，使蹄尖上卷，蹄壁裂开，四肢变形甚至跪下采食。公羊不能配种，母羊产奶量下降。

修蹄一般在雨后进行，这时蹄质变软，容易修整。修蹄时，要将羊保定好，将羊的前蹄弯曲放在饲养员的膝盖上或把羊的后腿夹在饲养员两腿之间，左手握住羊腿系部，右手持修剪用具，然后修剪。首先把蹄壁周围上卷的部分剪掉，再把蹄面修平，最后把蹄尖剪掉。修好的羊蹄底部平整，形状方圆，羊站立端正。

158 给奶山羊修蹄时应注意哪些事项？

（1）修蹄过程中，当看到蹄面出现淡红色时应立即停止修剪，一旦发生出血可用烧烙法止血。

（2）变形的蹄子需经几次修理才能矫正，切不可操之过急。

（3）修蹄时，不能朝外侧强拉羊腿，以免羊腿受伤，特别是怀孕母羊，以防流产。

（4）修剪中注意人身安全。

159 怎样给奶山羊羔羊去角？

由于遗传因素，有些奶山羊往往会长角。有角羊在打斗时容易相互受伤，特别是怀孕羊打架会造成流产，同时也会给管理工作带来不便。

羔羊在出生后 7～10 天就可去角。去角有两种方法，即化学去角法和烧烙去角法，但都需要两个人配合进行。一人稍微坐高一些，用两腿夹住羊的脖子，左手握住羔羊的嘴部（不能捏得太紧，以防羔羊窒息），右手进行操作；另一个人坐低一些，将羊的后躯和身体固定，使其不能乱动。新生羔羊如果有角，其角蕾部分的毛呈漩涡状，手摸时有硬而尖的突起；如无角，则角蕾顶部没有旋毛，角基部凸起、钝圆。

（1）化学去角法　就是用苛性钾（钠）棒取角。方法是首先将角蕾部分的毛剪掉，周围涂上凡士林，以防苛性钾（钠）溶液流出，损伤皮肤和眼睛。准备工作做好后，取苛性钾（钠）一支，一端用纸包好，可防止烧伤手指；另一端在角蕾部分旋转摩擦，使之微量出血为止。摩擦时由内到外、由小到大，反复进行，但摩擦的时间不能过长，摩擦的部位要准确，磨面要大于角基部。去角后，擦净磨面上的药水和污染物并注意观察，防止抓破或烧伤其他部位皮肤。

（2）烧烙去角法　保定方法同化学去角法相同，将长 5～8 厘米、直径 1.5 厘米的铁杆，上面焊一个把，呈 T 形。铁杆在火上烧红后，在羔羊角蕾部位旋转烧烙，烧烙的部位要稍大于角基部位，时间不能过长，烙平即可。此法速度快，羊角出血少，安全方便（图 9-1 和图 9-2）。

图 9-1　烙铁去角示意图

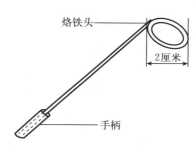

烙铁头

2厘米

手柄

图 9-2　简易去角器示意图

160 怎样给奶山羊编号？

编号是饲养奶山羊不可缺少的环节，它既便于识别和生产管理，又可记载奶山羊的血统、生长发育、生产性能等数据。临时编号一般多在奶山羊羔羊出生后进行，永久编号在奶山羊羔羊断奶后进行。常采用的编号方法有剪耳法和耳标法。

（1）剪耳法　剪耳法一般用于规模不大的羊场，用剪耳钳在奶山羊羔羊的耳朵边缘剪上缺口来表示羊的个体号。一般在羊的左耳下边缘靠头部处剪以缺口代表1，外边缘剪以缺口代表2，羊的左耳上边缘靠头部处剪以缺口代表4，外边缘剪以缺口代表5，耳尖处剪以缺口代表100；在羊的右耳下边缘靠头部处剪以缺口代表10，外边缘剪以缺口代表20，羊的右耳上边缘靠头部处剪以缺口代表40，外边缘剪以缺口代表50，耳尖处剪以缺口代表200。将羊左、右耳朵上的缺口数字加起来就是这个羊的个体号，羊的左耳数为个位，右耳数为十位。剪耳号缺口时，尽量避开血管，耳号钳要用酒精消毒，少量的出血不必担心，剪耳前、后都要用5%碘酊涂擦消毒。

（2）耳标法　适应于规模较大的羊场。方法是先在耳标上打上年代和顺序号，然后用打孔机在耳朵上打孔，装上并固定好耳号牌。耳标法编号顺序是年份在前，序号在后。例如，2018年出生的第15只羊，可编为18-15。一般编号公羊用单号，母羊用双号。

161 为什么要对奶山羊进行刷拭？怎样刷拭？

经常对奶山羊羊体进行刷拭，可使羊体保持清洁，促进新陈代谢。刷拭种公羊，有利于人畜接近，便于管理；刷拭母羊，能提高其泌乳能力，保持奶品清洁。

刷拭时可用鬃刷或草根刷。刷羊的顺序是从上到下、从左到右、从前到后，按照毛丛方向有序进行。同时，要去除毛皮上的泥土和粪便，保证被毛清洁、光顺。

162 为什么要让舍饲奶山羊多运动？

舍饲奶山羊一定要保持足够的运动，以增加食欲，增强体质，减少疾病的发生和促进生长。驱使公羊运动，可提高性欲和精液品质；加强泌乳母羊运动，可增加食欲，提高产奶量；保证羔羊和青年羊足够的运动，可促进生长，为提高其后期的生产性能打基础。

运动分自由运动和驱赶运动。羔羊的运动可在运动场内的攀登台上进行，攀登台可用土、砖砌成楼梯式的高台，也可用木料等临时架设。用木料时，注意不要留空隙和铁钉头，以防撞伤羔羊腿。驱赶运动可在运动场进行，驱赶时不能急追猛赶，要由慢到快；且运动时间不宜过长，以每次1~1.5小时为宜，每天可运动2次。

163 奶山羊公羔的去势方法有哪几种？

凡不宜留作种用的公羔均应及时去势。小公羔的去势时间一般在出生后的1个月内进行，过早去势不易操作，过晚去势则流血过多。去势应选在晴天，这样可减少感染。常用的去势方法有以下几种：

（1）刀阉法　将羔羊两后肢提起，阴囊外部用5%碘酒消毒后，紧握阴囊上部，防止睾丸滑到腹腔。另一只手执刀在阴囊下方与阴囊中隔平行处两侧各切一条2厘米小口，挤出睾丸，扯断精索。扯精索时须将两睾丸向不同方向转拧数次，最后撕断，然后给切口涂上碘酒或消炎粉。公羔去势后不能卧在潮湿、肮脏的地方，以防感染。

（2）结扎法　在阴囊基部扎上橡皮筋，使其血液循环受阻，半月以后阴囊连同睾丸便自行干枯脱落。此法简单方便，适用于羔羊。在去势期间要注意检查，防止结扎部位发炎。

（3）精索打结法　首先固定睾丸，消毒；然后切开阴囊，剪断鞘膜韧带，暴露精索，剥离输精管，在近睾丸处剪断或撕断精索，挤出睾丸实质，左手捏住精索断端，右手迅速将精索打成一个单结，推实；距结的下端1厘米处切断，涂上碘酒即可。这种去势法省时省力、简单易学，术后不失血，便于伤口愈合，有利于羊体恢复，同时也避免了结扎不实而容易死亡的缺点。

（4）提睾去势法　1月龄左右的公羔保定后，将其睾丸尽量用力向上推，使睾丸紧贴腹肌，阴囊下方用一弹性的橡皮圈扎紧，形成一个短阴囊。这时由于睾丸靠近腹部肌肉，此处温度38℃，因此不适于精子生存，但性激素的有效功能尚可继续发挥。该法方便适用，待公羊长到1岁后，宰杀上市，屠宰率较高。

（5）锤击法　准备好两根光滑的粗细相等的木棍，用绳在离棍的一端2厘米处将两木棍捆绑结实备用。把羊保定好，一人用手握羊的两条后腿向前拉，然后把阴囊拉出；另一人将准备好的木棍掰开，将阴囊基部夹住，左手握住开口端，在夹子下边垫一块石头或木板，右手用小锤猛击夹阴囊处的木棍，这样操作1～2次即可。松开后摸一下精索是否已断，如果锤击部位是扁的，则说明精索已断。这种方法操作简单，多用于成年公羊的去势。

（6）福尔马林溶液去势法　福尔马林溶液可凝固输精管，使蛋白质变性，这样输精管便失去了运送精子的功能（国外有的羊场用福尔马林溶液去势公羊）。此法安全可靠，简便易作。首先扳倒保定好的去势公羊，将睾丸推到阴囊的端部，用注射器抽取大约6毫升的10%福尔马林溶液，2毫升用于消毒阴囊上的注射部位，而后将针头插入一个睾丸，旋转针头，以切断输精管；再把2毫升福尔马林注射到睾丸中，同法对另一侧睾丸进行注射。3周后该公羊便失去了受精能力。

164 给奶山羊药浴可预防哪些病？如何实施？

疥癣病是由疥螨和痒螨寄生在皮肤而引起的慢性寄生性皮肤病，寄生在奶山羊的主要是疥螨。疥癣病对奶山羊的危害很大，不仅造成被毛脱落、出血，而且影响产奶山羊的生产性能，增加其他疾病的传染机会。药浴是治疗这类疾病的有效方法。

药浴可选用0.025%～0.03%林丹乳油水溶液，或0.05%蝇毒磷乳剂水溶液，或0.5%敌百虫水溶液。不论使用何种药物配制药液，其浓度都要准确。要挑选晴朗无风的天气药浴，药浴前8小时停止喂料，溶液温度应在30℃左右。药浴前给羊饮足水，以免进入药浴池后吞饮药液，造成中毒。药液配制好后，先用几只体弱的羊试浴，确无不良反应时，再全群药浴。但病羊、有伤的羊及妊娠期母羊，不能药浴。药浴时应先浴健康羊，后浴有皮肤病的羊。

公羊、母羊和羔羊分别入浴，浴液的深度以浸没羊体为原则（一般为60～70厘米）。每只羊的入浴时间不能少于3分钟，并将头部按入药液1～2次，而且随时浴羊随时加药，保证药液浓度。药浴出口处，设有滴流台，让羊只浴后停留10分钟，沥干羊体，使残余药液流回池内。然后在阴凉处或圈舍休息1～2小时，避免阳光直射或扎堆挤压，并观察6小时左右。中毒的羊只应立即施行抢救，未发现异常的羊只可以饲喂一些干草和其他饲料。饲养奶山羊数较少或规模不大的养殖户可用水缸给山羊药浴。

患有疥癣的奶山羊应间隔2周再药浴一次。药浴后的药液不能随便乱倒，以防羊只误食后中毒，但可用于羊舍消毒。

除药浴外，还可用喷雾法消灭体外寄生虫。在天气晴朗的夏日，将按上述方法配制的药液装入喷雾器内，不要直对羊体，稍微抬高喷头向空中喷射，让羊淋浴，最后喷一下羊的腹部和腿的内侧。这种方法可以消灭羊体身上寄生的蜱、虱等外寄生虫，且效果很好。

165 奶山羊何时称重最好？

体重是衡量羊只生长发育的重要指标，也是检查饲养管理工作的重要依据之一。一般羔羊出生后，在被毛稍干而未吃初乳前就应称重，此时的体重被称为初生重。其他各年龄羊的称重，均应在早晨空腹时进行。除称初生重外，还应称断奶时体重、配种前体重、周岁体重、2岁体重、成年体重、产前体重和产后体重等，称重可根据本场育种工作情况选择进行。奶山羊的体重与胸围之间有一定的回归关系，根据胸围大小可以估计其体重。

166 如何捉奶山羊？

奶山羊性情怯懦、胆子小，不易被捉住。为了避免捉羊时把毛拉掉或将腿扯伤，捕羊人应悄悄地走到羊背后，然后用两手迅速抓住羊左右两肷窝的皮。

167 如何抱奶山羊？

奶山羊被捉住后，人站立在其右侧，右手由羊两前腿之间伸进去托住胸部，左手先抓住左侧后腿飞节，将羊抱起，然后用胳膊由后外侧把羊抱紧。这样抱起来省力，羊也不乱动。

168 如何导羊？

导羊就是使羊前进。导羊人站立在羊的左侧，用左手托住羊的颈下部，用右手轻轻挠羊的尾根，羊便会向前走动。人也可站立在羊的右侧，导羊前进。

169 如何数羊？

俗语说："放羊数几遍，丢了有地点。"尤其在放牧一群奶山羊时，更要注意数羊的只数。放牧时数羊，可选一个比较窄的路口，让羊通过时点数。出牧时可在圈门口数。归牧时也要数羊，以免羊掉队或丢失。

170 奶山羊给药方式有哪些？

（1）中药直接灌服　中药汤剂可以给奶山羊进行灌服，使用一支注射器或一个小瓶子即可完成工作。取一定剂量的药水，使奶山羊头部保持正常姿势，将注射器（小瓶）开口端插入其左侧口腔内，同时下压舌头，将药水缓慢注入食管。

（2）药丸直接给药　将药丸（合适剂量）放入投丸器底部，投丸器插入奶山羊左侧口中，压迫活塞将药丸推进食管。然后保持奶山羊嘴闭合，轻转抚摸喉部使其吞下药丸。

（3）注射给药　需要注射药物时，应根据说明书，将药物正确地注射到奶山羊的体内。肌内注射时，成年羊使用 0.8～0.9 毫米（20 号）注射针，羔羊使用 0.6～0.9 毫米（20～22 号）注射针。将针头插进大腿中部或脖颈处较厚部位，向后拉活塞吸血，如果血液进入注射器，则撤回针头重新注射。皮下注射时，寻找羊体侧皮肤松弛处或在大腿下面，将针头以锐角扎入，如果操作得当，皮肤下会随着活塞的加压而出现一个小泡。但不管何种注射方式，均应使用无菌针头和注射器，注射完毕后的注射器要煮沸、消毒 20 分钟，以备再次使用。

171 怎样做好羊场数据记录？

养殖场奶山羊数量增加时，养殖户难以记住所有重要数据，可利用纸质档案或计算机记录每只奶山羊的信息，这些信息将有助于奶山羊的饲养管理。

在奶山羊养殖期间，应记录数据有：个体信息记录簿、系谱图、配种数据、出生数据、奶品质数据、生产加工数据、健康状况数据等。

对于饲养一定数量奶山羊的养殖户来说，除可通过颜色或特征识别奶山羊个体外，还可设计奶山羊亲缘关系信息记录表进行档案记录。所应用的记录方法必须永久有效，远距离可读、可识别，易于接受，挤奶、治疗、饲喂等生产工作时易读。

十、奶山羊防疫及常见病防治

172 怎样进行奶山羊的一般观察？

奶山羊对疾病的抵抗力和耐受性都比较强，患病初期表现不明显，较难发现，因此要仔细观察羊群和个体。观察奶山羊的原则是由上到下、由前到后、由远到近。发现病羊时，及时采取治疗措施，避免造成更大损失。

（1）头部观察　奶山羊健康时昂头，两耳直立，眼睛有神，对外界反应灵敏；患病时，不愿抬头，眼有分泌物，流泪或流鼻涕，严重时头部肿大。

（2）被毛观察　奶山羊健康时被毛紧密而有光泽，皮肤红润而有弹性；患病时，被毛质脆、脱落、干枯无光泽，皮肤苍白、干燥、增厚，无弹性，有时出现痂皮、干裂或脓水。

（3）粪便观察　奶山羊健康时粪便呈椭圆形，硬度适中，有光泽，无难闻臭味；患病时，粪便干燥，硬小，附有黏液，有特殊臭味，呈糖稀状或水样。

（4）卧息观察　健康的奶山羊休息时，先用前蹄刨地；然后屈膝而卧，多呈右侧卧，呼吸均匀，反刍正常，有生人接近时立刻远避，不易被捉住。患病的奶山羊经常离群或卧在潮湿的地方，缩成一团，呼吸急促，流鼻涕，反刍间断或停止，当人走近时不知躲避。

（5）运动或放牧观察　健康羊在放牧时总是争先恐后地吃草，而且吃得快，对饲养员发出的号令也很敏感；患病羊时走时卧，落群或站立不动，低头，有时卧地不起。

173 奶山羊身体健康检查的基本方法有哪些？

为了确定奶山羊是否健康，可对其身体进行检查，基本检查方法有视诊、触诊、叩诊和听诊。

（1）视诊 指用肉眼观察奶山羊的神态，必要时可借助器械视诊。视诊时，检查者先远后近，按左、右、前、后顺序，边走边看，观察可疑羊在自然状态下的全貌，然后有顺序地观察奶山羊身体的各部位，如发现异常，则可接近羊体作进一步观察。通过视诊，可大体判断奶山羊是否患病。

（2）触诊 触诊是用手指、手掌或拳头压触被检查的部位，以确定病变的位置、硬度、大小、温度、压痛、移动性和表面状态等。触诊可分为两种，即浅部触诊和深部触诊。浅部触诊时，检查者手掌平放在被检部位，按一定顺序触摸，一般用以检查体表温度、湿度、肌肉紧张性、皮肤敏感性及心搏动等。深部触诊时，检查者用不同的力量对患部进行按压，以便进一步了解病变情况。

触诊病变组织时，根据病变组织的性质和内容物的不同，存在5种情况：①生面团状，触压肿胀部位时，似用手压生面团，此为组织发生水肿的表现。②坚实，触之发硬，硬度似肝组织样并有温热感，此为炎性肿胀时组织间细胞浸润所致。③坚硬，硬度似骨组织，如骨瘤或骨质增生时。④波动，柔软有弹性，指压不留痕迹，有液体移动感，为组织间有血肿、脓肿或淋巴外渗所致。⑤气肿，压之柔软稍带弹性，随按压而发出细小的捻发音并有气体向邻近组织窜动的感觉，为皮下积聚气体的特征。

（3）叩诊 通过叩打羊体表而产生的声音，来推断被叩组织器官有无病理变化，多用于胸部检查或用于头窦检查。在对健康羊体叩诊时，可产生4种基本叩诊音：①清音（又叫肺音），是打胸部时，由含气的肺脏振动所产生的声音，该声音强大、清亮；②浊音，声音弱小而钝浊，叩打臀部肌肉及不含空气的组织即可产生浊音；③半浊音，声音介于浊音或清音之间，叩诊肺的边缘即可产生半浊音；④鼓音，叩打含有一定量气体的腔体时，可产生类似击鼓的声音，如叩诊瘤胃的上部。叩诊时，叩诊板一定要紧贴体表，用同等力量垂直地作短而急的叩打，每点叩打2～3下，并注意与对侧进行比较。

（4）听诊　指根据听取到的体内音响的性质，推断内部器官的病理变化，临床上常用于心、肺及胃肠的检查。听诊有两种方法，即直接听诊和间接听诊。直接听诊时，用一块大小适当的布（听诊布）贴于羊体表，检查者将耳贴于听诊布上进行听诊。间接听诊是用听诊器听诊，听诊器头要紧贴体表，防止与体表摩擦而影响听诊效果。

174 如何进行奶山羊体温的检测？

检测体温是对任何病羊都必须进行的一项基本检查，通常是用兽用体温计进行直肠测温。测温时检查者站在羊体的正后方，一只手握住羊尾并将其抬起，以充分暴露肛门；另一只手将体温计的水银柱甩至35℃以下，并涂以油类作润滑剂或用唾液作润滑剂，轻轻由肛门旋转插入直肠内，同时将体温计的夹子夹在尾根的被毛上。经3～5分钟取出体温计，擦去粪便和黏液，将体温计呈水平状读数。

健康成年奶山羊体温平均为38.7℃，变动范围为37.2～39.6℃。3～6月龄的羔羊体温平均为38.9℃，变动范围为38.1～40℃。体温的正常变动受到性别、年龄、季节、妊娠及分娩的影响，如新生羔羊体温比3～6月龄的羔羊高，下午的体温比上午约高0.5℃，夏季体温比冬季约高1℃，妊娠羊的体温比非妊娠羊的约高0.5℃。此外，运动之后或过度兴奋均可使体温上升。

根据病羊体温的高低，大体可推断其是患有急性传染病还是非传染性疾病，是患有炎症性疾病还是非炎症性疾病。当然，还要结合病史调查及临床症状进行综合分析。在诊治羊病时，最好每天上、下午测两次体温，观察体温的日差变化，将逐日数字记录于图上并连成一条曲线，此曲线即体温曲线或热曲线，以此来进一步分析病情的发展情况。

175 *如何进行奶山羊消化系统的检查？*

根据病羊的具体情况，详细检查食欲、饮欲、反刍、嗳气、口腔及腹部等。

（1）食欲及饮欲检查　此项检查既可以通过问诊了解奶山羊食欲及饮欲情况，也可用幼嫩的青草或清洁的饮水当场试验。饮食欲废绝，说明奶山羊有严重的全身性扰乱。若想吃而不愿咀嚼，应检查口腔及牙齿有无异常。喜吃砖瓦、泥土或舔食其他不应该吃的东西，这种现象称异嗜癖，应考虑微量元素缺乏或慢性消化扰乱。饮水增加称为贪水，说明患高热或腹泻或大出血性疾病。

（2）反刍检查　健康奶山羊通常在饲喂后半小时开始出现反刍，每次持续 20～50 分钟，每一食团咀嚼 40～60 次。患病时可出现如下两种情况：

① 反刍减少　是指食后开始反刍的时间推迟、每次反刍持续时间变短、每一食团咀嚼次数减少的综合表现。在患有前胃和真胃疾病及许多疾病时，都可能出现反刍减少的现象。

② 反刍废绝　病羊长时间不反刍，见于高热、严重的前胃和真胃疾病、肠炎等。在发生这类疾病时，若开始出现反刍，说明疾病处于恢复阶段。

（3）嗳气检查　嗳气是由于反刍动物瘤胃产生的气体压迫瘤胃后背盲囊而引起的一种反射运动。健康奶山羊在休息时，其颈部食管有自下而上的逆蠕动波，此即为嗳气动作，通常每小时有 20～30 次，也可用听诊器在颈部食管处听诊。嗳气减少是瘤胃运动机能障碍的结果。嗳气停止与食欲废绝、反刍消失常相一致，并可导致瘤胃臌气。嗳气增加是瘤胃内发酵过程旺盛或瘤胃运动机能增强的结果。

（4）口腔检查　检查时，一只手拇指与中指由颊部捏握上颌，另一只手的拇指与中指由左、右口角处握住下颌，同时用力上下拉之即可开口；也可用手的食指和中指并拢，同时从口角插入，用两指的指腹顶压硬腭即可开口。打开口腔之后，应注意口腔的温度、湿度、颜色、完整性，舌及牙齿的情况。

口温升高，见于一切热性病及口腔炎症。口温低下，见于重度贫血、虚脱及疾病的垂危期。

口腔黏膜湿润或流涎，应注意口腔黏膜有无异物刺入及溃烂，并注意有无口蹄疫、羊口疮的流行。口腔黏膜干燥，见于发热性疾病、瓣胃阻塞及脱水性疾病。

口腔颜色的变化，对奶山羊疾病的诊断和预后的判定都有重要的参考价值。口腔黏膜颜色可能表现有苍白、发红、发紫、发黄等变化，其诊断意义除因局部炎症可引起潮红外，其余与眼结膜颜色变化的意义相同。当口腔黏膜迅速变为苍白色或呈青紫色，则说明病情严重，预后不良。

舌苔是覆盖在舌体表面上一层疏松或紧密的、脱落不全的上皮细胞沉淀物，健康羊的舌面无舌苔或仅有极薄的灰白色舌苔。在有消化系统疾病及一般发热性疾病时，舌苔变黄；若病程长，则舌苔变厚、色污黄并有臭味。根据舌苔的厚薄、颜色及气味，可判断奶山羊病势的轻重及预后。

检查口腔时，还应注意下切齿是否整齐，有无松动或氟斑白齿排列情况，有无脱落、过长齿，以及齿龈有无肿胀、溃烂等。

（5）腹部检查　腹部检查包括腹围检查、前胃检查、真胃检察、肠管检查、排粪及粪便观察等。

①腹围检查　健康成年泌乳奶山羊及怀孕奶山羊，腹围大小差异较大，但总体来看，给人以饱满的感觉。当发生瘤胃臌气、瘤胃积食时，腹围增大，肷窝平坦或凸起；当膀胱破裂，出现腹膜炎症并有大量渗出液时，腹围也增大，但肷窝凹陷，腹中、下部膨起，特别是站在羊体后方视诊时，腹下部向左、右侧明显扩展，此时用手触诊，则有水响声。当长期饥饿、腹泻和患慢性消耗性疾病时，腹围缩小，甚至呈现腹部卷缩状。

②前胃检查　奶山羊和其他反刍动物一样，有4个胃，分别叫瘤胃、网胃、瓣胃和真胃，前3个胃通常合称为前胃。

A. 瘤胃　瘤胃位于腹腔左侧，占据着腹腔的大部分，检查时可用视、触、叩、听等法，必要时用穿刺法吸取瘤胃内容物进行实验室检查。健康奶山羊的瘤胃，触压时松软，听诊时可听到由远而近、由小而大的沙沙音；到达蠕动高峰时，声音又由近而远、由大而小直至停止蠕动，这两个阶段合计为一次收缩，经过一段休止后，再开始第二次收缩。瘤胃蠕动的次数为每 2 分钟 4～6 次，听诊时除注意单位时间内蠕动的次数外，还要注意每次蠕动持续时间的长短及蠕动时声音的大小，以此判定瘤胃蠕动的机能。凡能影响消化的局部性或全身性疾病，都可影响瘤胃蠕动，如蠕动次数可能减少、音量降低、每次蠕动持续时间缩短等，病情严重者则蠕动完全停止。当瘤胃发生积食时，除视诊腹围大小外，可用拳头触压左腹胁部，感到内容物较硬。若是瓣胃或真胃阻塞致使瘤胃内容物停滞，此时血液中的液体可通过瘤胃壁上的血管渗入瘤胃，使瘤胃内大量液体与食物混合在一起，此时触诊松动，冲击触诊有水响音。当瘤胃臌气时，用手掌拍左侧肷窝部，可听到类似敲鼓的声音。

B. 网胃　网胃又叫蜂巢胃，位于腹腔左前方，剑状软骨突起的后方，相当于在第 6～8 肋骨内，其前缘紧接横膈膜。奶山羊的网胃不像牛那样易于存积金属异物，但也有发生创伤性网胃炎的病例。检查时主要用触诊法，如触压网胃区；或检查者骑于羊背，用双手从剑状软骨突起后方合拢，向上猛然提举，此时如有创伤性网胃炎，则病羊有不安、呻吟、咩叫等现象。

C. 瓣胃　瓣胃又叫百叶胃，位于腹腔右侧第 8～10 肋骨处。健康奶山羊的瓣胃体积较小，且又在右侧肋骨之下，故不能触及，听诊也不易听清蠕动音。只有在瓣胃阻塞时，可用闪动触诊法（即一手放在网胃区，轻轻向对侧有节律地闪动，借此来判断肋骨内侧瓣胃的硬度）；也可用 4 个手指从右侧最后肋骨处向前内方插入，有时可触到坚实的瓣胃。

③ 真胃检查　真胃，又叫皱胃，能分泌盐酸以助胃蛋白酶消化蛋白质。真胃位于腹腔右侧第 6～13 肋骨下，沿肋弓区直接与腹壁接触。检查时可用视诊、触诊与听诊的方法。健康奶山羊的真胃

不易触摸出确切的轮廓，听诊时可听到类似流水的声音。真胃蠕动音不像瘤胃蠕动音那样有规律，它或长或高或低。因此，检查者对每只羊应至少听取5分钟，以便和瘤胃蠕动音及肠音相区别。当有真胃炎时，触压真胃区，病羊表现不安、咩叫。当有真胃溃疡时，触诊则奶山羊往往无疼痛现象。当真胃阻塞、内容物大量积聚时，可观察右肋弓区的真胃向外扩展，并可触摸到坚实的真胃的前后界限，听诊时真胃蠕动音消失。

④ 肠管检查　肠管包括小肠（十二指肠、空肠、回肠）和大肠（盲肠、结肠、直肠）。大肠形成一个由外向内、又由内向外的肠袢，位于腹腔右侧瘤胃壁之后。对于健康奶山羊，在其右腹部可听到短而稀少的流水声，此即为肠蠕动音，一般不再区分小肠音或大肠音。当患肠炎时，肠音亢盛，呈持续而高朗的流水声；有便秘时，肠蠕动音减弱或消失。

⑤ 排粪及粪便观察　观察奶山羊排粪的动作、排粪次数与数量、粪便的软硬度及混杂物，对胃肠道疾病的诊断有重要意义。健康奶山羊的粪便呈球形，表面湿润光滑，呈暗黑绿色，落地后变形或用手轻压即碎。当发生胃肠炎、肠毒血症状及某些传染病、寄生虫病时，粪便变稀呈粥状或稀水状，有时混有小的气泡，有时混有大量黏液、血液、味恶臭。长期腹泻者，肛门松弛哆开，后躯尾根及后肢黏附稀粪。当患羔羊痢疾时，则排出灰白色或灰黄色稀类。当患有慢性真胃溃疡时，粪便变软呈泥状，黑褐色，实验室检验可发现潜血。便秘时，排粪次数减少，粪球干而小，落地后用手难以压碎，严重者排粪停止。

176 *如何进行奶山羊呼吸系统的检查？*

呼吸系统检查包括呼吸运动检查、呼吸困难时的检查、上呼吸道检查、胸部叩诊、胸部听诊等。

（1）呼吸运动检查

① 呼吸次数　胸壁与腹肌同时一起一伏为一次呼吸，亦可用听诊器在气管或肺区听取呼吸音来计数。健康奶山羊的呼吸次数因

外界温度、湿度、运动、兴奋、妊娠，以及胃肠道充满程度不同而有某些差异。测定呼吸次数时必须在奶山羊处于安静状态或适当休息后进行。健康成年奶山羊的呼吸次数为 20～30 次/分钟。当患发热性疾病、缺氧（如肺炎、上呼吸道狭窄、某些毒物中毒等）、中暑、胃肠道臌气、瘤胃积食等时，呼吸次数可明显增加；当患有某些脑病及代谢性疾病时，呼吸次数可减少。

② 呼吸型　健康奶山羊呼吸时胸壁与腹壁的运动强度基本相等，此为胸腹式呼吸；当胸腔有炎症（如胸膜炎）时，胸壁的起伏动作不明显，而腹壁的起伏动作则显著加强，此为腹式呼吸；当患腹膜炎或腹腔压力增大时，则呈现胸式呼吸。

③ 呼吸节律　健康奶山羊的呼吸是一种节律性的运动，吸气后紧接着呼气，经短暂的间歇期再行下一次呼吸，吸气短、呼气长，约为 1∶1.3。患疾病时，要特别注意有无下述几种呼吸节律：

A. 陈-施（Cheyne - Stokes）二氏呼吸　此乃病理性呼吸节律的典型代表，特征为呼吸逐渐加强、加深、加快；当达到高峰以后，又逐渐变弱、变慢、变浅；之后呼吸中断。经数秒钟的短暂间歇以后，又以同样的方式出现，这种波浪式的呼吸方式，又称潮式呼吸。

B. 毕欧特（Biot）氏呼吸　其特征为连续数次深呼吸后，有短暂的间歇，然后又以同样的方式出现。

C. 库斯茂尔（Kussmaul）氏呼吸　特征为发生深而慢的大呼吸。

以上 3 种病理性呼吸节律都表明，延脑呼吸中枢感受性降低，多见于脑或脑膜疾病、心力衰竭、虚脱等，是预后不良之症。兽医工作者在判断病羊的预后时，不可忽视对呼吸节律的观察。

（2）呼吸困难时的检查　呼吸时费力，表现呼吸深度加强，而呼吸频率显著加快或变慢者称为呼吸困难。凡表现呼吸困难时，应考虑的情况有：①呼吸道狭窄，不全阻塞或肺的呼吸面积减少；②心力衰竭、循环障碍；③红细胞数减少或血液中存在大量变性血红蛋白；④有毒物质作用于呼吸中枢或使组织呼吸酶系统受抑制；

⑤中枢神经系统机能性障碍或器质性病变。当这5种情况中的任何一种存在时，均可造成奶山羊呼吸困难。

（3）上呼吸道检查 上呼吸道包括鼻、喉、气管，检查时应注意以下情况：

① 鼻液 注意鼻液的性质，是浆液性的清鼻液，还是黏液性或脓性的浓稠鼻液。上呼吸道及肺部受细菌感染时，往往流脓稠鼻液。当鼻腔有羊蝇幼虫寄生时，初期流清鼻液，以后鼻液变稠，有时混有血液。鼻液黏附在鼻孔周围可形成鼻痂皮。

② 咳嗽 咳嗽是喉、气管、支气管黏膜甚至肺组织和胸膜受到炎症及其他异物刺激的结果。检查时应注意咳嗽的频次、性质及强度。有气管炎时常发生单咳；有支气管炎、肺炎时，常发生频咳。湿咳表明支气管有稀薄痰液存在；干咳表明无痰液或有少量黏稠痰液。在诊断过程中，检查者可捏压患羊的第一、二个气管软骨环或喉头。用这种人工刺激的方法往往可诱发奶山羊咳嗽，以便判别咳嗽的频次、强度和性质。

③ 喉及气管 可从外部进行触压或听诊。注意喉有无肿胀、变形，喉及气管有无敏感疼痛反应，听诊喉与气管有无异常声音等。

（4）胸部叩诊 用金属叩诊锤叩击紧贴于胸壁的叩诊板，使胸壁及肺组织振动而发出声音，借此来判断胸部的病变，这种方法很有诊断价值。

① 叩诊界 奶山羊的胸廓虽然很宽大，但肺脏所占的体积只是一部分。从胸壁来看，肺脏的后界并未延伸到最后一根肋骨（奶山羊是13对肋骨）。确定肺的叩诊界，就可知道肺脏后缘在胸壁的对应线。健康奶山羊的肺叩诊界近似于一个三角形，上界在背最长肌下缘，与脊柱平行；前界自肩胛骨后角沿肘肌向下至第4肋骨所划的一条S形曲线；后界是先找出胸廓1/2处倒数第6肋骨相交点，由倒数第2肋骨基部开始，向前下方划一弧线，经过倒数第6肋胸廓1/2点，继续向肘突方向划弧线，止于第4肋骨。

② 叩诊音的变化 在肺叩诊界以内进行叩诊时可发出清音，

在肺后界处为半浊音。疾病发生时有下述变化：

A. 叩诊界扩大　主要指听诊界的后界向后扩大，说明肺的体积增大，见于急性肺气肿。

B. 病理性叩诊音　奶山羊有小叶性肺炎时，叩诊肺界的前下方可有小面积的、散在的浊音区；有大叶性肺炎时，肺的大部分甚至一侧肺的叩诊界内都呈浊音，浊音区的后上界呈弓形，当胸腔积液时，可叩出水平浊音区（即浊音区的上界呈一水平线，此水平线随奶山羊姿势的改变而改变），见于渗出性胸膜肺炎。肺轻度充血、水肿时，叩诊呈半浊音。肺泡充气同时肺泡弹力降低时可叩出鼓音；存在大的肺空洞时，亦可叩出鼓音。

（5）肺部听诊　肺部听诊是检查肺部病变的重要方法之一，在奶山羊患呼吸系统疾病时，应特别注意仔细地听取肺部呼吸音的变化。

① 听诊部位　在叩诊界的范围内进行听诊，通常是先听诊叩诊界的中 1/3，再听下 1/3 及上 1/3 的区域。因为中 1/3 的呼吸音较明显，如果存在病理性呼吸音的话，往往在中、下部易听到。

② 生理性呼吸音　健康奶山羊的呼吸音有两种：一是肺泡呼吸音，音性柔和，在吸气时易听到，类似读"夫"声，它是由于吸气时，空气由毛细支气管进入肺泡时产生的气管呼吸音；二是支气管呼吸音，音性较粗，在呼气时易听到，类似读"哈"声，在肺的前下方最明显，它是空气通过声门裂隙时产生气流漩涡所致。

③ 病理性呼吸音　疾病发生时，肺部可出现下述几种呼吸音：

A. 肺泡呼吸音增强　听诊时可听到明显的"呋呋"声，即重读"夫"之音。在奶山羊发热、呼吸中枢兴奋、局部肺组织代偿性呼吸加强时肺泡呼吸音增强。

B. 肺泡呼吸音减弱或消失　当有肺炎时，肺泡内聚积炎性渗出物易使肺泡呼吸音减弱或消失。此外，奶山羊有肺膨胀不全、呼吸肌麻痹、呼吸运动减弱、胸壁疼痛性疾病等，都可使肺泡呼吸音减弱。

C. 支气管呼吸音增强　健康奶山羊仅在肺的中 1/3 区听到支气管呼吸音，如果在广大的肺区内都听到支气管呼吸音，且肺泡呼吸音相对减弱，则即为支气管呼吸音增强。当肺组织炎性浸润甚至发生实质性病变时，肺泡呼吸音消失，而支气管仍畅通，则可听到清晰的支气管呼吸音。

D. 干啰音　当支气管有黏稠的分泌物或炎性肿胀造成狭窄时，可听到类似笛音、哨音、咝咝声等粗糙而响亮的声音，即为干啰音。见于慢性支气管炎、支气管肺炎、肺线虫病等。

E. 湿啰音　当支气管有稀薄的分泌物时，分泌物随呼吸气时的气流形成水泡，在移动与破裂中即发生类似水泡破裂音或含漱音。见于肺充血、肺水肿、各型肺炎、急性或慢性支气管炎等。

F. 捻发音　当肺泡内有少量液体时，肺泡随气流进出而张开、闭合，此时即产生一种细小、断续、大小相等而均匀的捻发音，类似用手在耳边捻搓一撮头发时发出的声音。听到捻发音，一定是肺实质的病变，即在各种肺炎时均可听到捻发音。

G. 胸膜摩擦音　是一种类似粗糙的皮革互相摩擦发出的断续性声音。有胸膜炎时，胸膜增厚、粗糙及纤维蛋白沉着，致使呼吸时两层胸膜摩擦而发声。见于纤维蛋白性胸膜炎。

177　如何进行奶山羊泌尿生殖的检查？

（1）排尿及尿液观察　健康奶山羊母羊排尿时后肢开张、弓背、举尾，在腹肌的参与下，尿道收缩，将尿液急速排出。奶山羊公羊排尿时不需腹肌参与，仅借助会阴部尿道的收缩即可将尿液作细流状排出。当排尿失禁时，奶山羊公羊无排尿姿势，而是不自主地流出尿液，见于膀胱括约肌麻痹。奶山羊公羊排尿时若表现不安，并回顾腹部，摇尾，说明尿道有急性炎症。奶山羊公羊的尿道有结石时，排尿除有疼痛症状外，尿液呈滴状，甚至排不出。

健康奶山羊的尿液清亮，无色或稍黄，有疾病时可变为红色，表示泌尿道有出血或是红细胞大量破坏时排出的血红蛋白尿。有急性肾炎或化脓性肾盂炎时，尿液混浊，有时呈乳白色。当尿液颜色、混浊度、气味无明显可见变化，而又怀疑有某些全身性或泌尿系统疾病时，应将尿液送化验室检验。

（2）肾脏检查　奶山羊的左肾位于第4～6腰椎横突的下面，

右肾位于第1～3腰椎横突的下面。检查时，用双手在肾区从下向上托举，观察奶山羊有无敏感反应，并用双手触摸肾脏有无肿大、波动（脓肿）等。当肾脏出现疾病时，进行尿液的化学检验可发现蛋白质、潜血等；进行尿沉渣的显微镜检查时，可看到肾上皮细胞、肾盂上皮细胞及管型（尿圆柱），这对判断疾病的性质很有价值。

（3）母羊生殖器官检查 当怀疑奶山羊有生殖道疾病时，应详细调查发情、配种、妊娠、分娩、胎次、流产等情况，并注意阴道分泌物及子宫排出物的颜色、气味，借此来分析子宫及卵巢的状况。当子宫水肿、子宫积脓、卵巢囊肿非常显著时，通过腹外触诊有时尚可触及。

（4）乳房检查 奶山羊乳房炎的发病率较高，检查时应注意乳房上淋巴结有无肿胀，两侧乳房的颜色、硬度、温度、敏感性及乳汁情况。有急性乳房炎时，有红、肿、热、痛症状，乳汁清亮或混有凝乳块，此外全身症状也较明显。奶山羊的败血性乳房炎，发病急、死亡快，有全身症状，乳房皮肤发绀甚至变成黑紫色，触诊坚硬（切开乳房，整个腺泡内充满血液或血凝块）。为判定乳房炎的病因，可取乳汁进行微生物学检查。

178 奶山羊羊场常用的消毒剂有哪些？

为了生产品质优良的羊乳，应选择对人、奶山羊和环境比较安全，没有残留毒性，对设备没有破坏，在羊体内不产生有害积累的消毒剂。可选用的消毒剂有次氯酸盐、有机碘混合物、过氧乙酸、生石灰、氢氧化钠（火碱）、高锰酸钾、硫酸铜、新洁尔灭和酒精等。

179 奶山羊羊场常用的消毒方法有哪些？

（1）喷雾消毒 一定浓度的次氯酸盐、有机碘混合物、过氧乙酸、新洁尔灭等，主要用于羊舍清洗完毕后的喷雾消毒、带羊环境喷雾消毒、羊场道路和周围及进入场区车辆的喷雾消毒。

（2）浸液消毒 用一定浓度的新洁尔灭、有机碘混合物溶液，洗手、洗工作服或胶靴用以消毒。

（3）紫外线消毒　在人员入口处常设紫外线灯以杀菌消毒。

（4）喷洒消毒　在奶山羊舍周围、入口、产床和羊床下面撒生石灰或火碱，以杀死细菌或病毒。

（5）热水消毒　用35～46 ℃温水及70～75 ℃热碱水清洗挤奶桶及挤奶机器管道，以除去管道内的残留物质。

180　奶山羊羊场消毒包括哪些方面？

消毒是贯彻"预防为主"方针的一项重要措施。其目的是消灭传染源散播于外界环境中的病原微生物，切断传播途径，阻止疫病继续蔓延。羊场应建立切实可行的消毒制度，定期对羊舍（包括用具）、地面土壤、粪便、污水、皮毛等进行消毒。

（1）羊舍消毒　一般分两步进行：第一步先进行机械清扫，第二步用消毒液消毒。常用的消毒药有10％～20％石灰乳、10％漂白粉溶液、0.5％～1.0％二氯异氰尿酸钠、0.5％过氧乙酸等。消毒方法是：将消毒液盛于喷雾器内，先喷洒地面，然后喷洒墙壁和天花板，最后再打开门窗通风；用清水刷洗饲槽、用具，去除消毒药味。一般情况下，羊舍消毒每年可进行2次（春、秋季各1次）。产羔前应将产房消毒。在病羊舍、隔离舍的入口处应放置有浸有消毒液的麻袋片或草垫，消毒液可用2％～4％氢氧化钠、1％菌毒敌或10％克辽林溶液。

（2）地面土壤消毒　土壤表面可用10％漂白粉溶液、10％氢氧化钠溶液消毒。对停放过芽孢杆菌所致传染病（如炭疽）病羊尸体的场所，应严格消毒。首先用上述漂白粉溶液喷洒地面，然后将表层土壤崛起30厘米左右，撒上干漂白粉，并与土混合，将此表土妥善运出羊场掩埋。

（3）粪便消毒　羊的粪便消毒方法有多种，最实用的方法是生物热消毒法，即在距羊场100～200米以外的地方设一堆粪场，将羊粪堆积起来，上面覆盖10厘米厚的沙土或用泥密封，堆放发酵30天左右，即可用作肥料。

（4）污水消毒　最常用的方法是将污水引入处理池，加入化学药品（如漂白粉或其他氯制剂）进行消毒。用量视污水量而定，一般每升污水用 2～5 克漂白粉。

181 *如何做好奶山羊羊场的消毒制度？*

（1）环境消毒　羊舍周围环境（包括运动场）每周用 2% 的火碱消毒或撒生石灰 1 次；场周围及场内污水池、排粪坑和下水道出口，每月用漂白粉消毒 1 次。在大门口和奶山羊舍入口设消毒池，使用 2% 的火碱溶液。

（2）人员消毒　工作人员进入生产区应更衣，并用紫外线消毒，工作服不应穿出场外。外来参观者进入场区参观应彻底消毒，更换场区工作服和工作鞋，并遵守场内防疫制度。

（3）用具消毒　定期对饲喂用具、料槽和饲料车，用 0.1% 新洁尔灭或 0.2%～0.5% 过氧乙酸消毒；日常用具（如兽医用具、助产用具、配种用具、挤奶设备和奶罐车等）在使用前后均要进行彻底的消毒和清洗。

（4）带羊环境消毒　定期进行带羊环境消毒，有利于减少环境中的病原微生物。可用于带羊环境消毒的药物有 0.1% 新洁尔灭、0.3% 过氧乙酸、0.1% 次氯酸钠，以降低传染病的发生率。进行带羊环境消毒时，应避免消毒剂污染到羊乳。

（5）羊体消毒　挤奶、助产、配种、注射治疗及任何对奶山羊进行接触性操作前，应先将奶山羊的有关部位（如乳房、乳头、阴道口和后躯等）进行消毒擦拭，以降低落入羊乳的细菌数，保证羊体健康。

182 *奶山羊需要注射哪些疫苗？何时进行防疫注射？*

在奶山羊传染病防疫中，往往由于疫苗用量不当或疫苗选择的种类不合适，而导致免疫效果不好或免疫失败，造成羊群大面积感染发病，严重威胁奶山羊业的发展。因此，注射疫苗时，要根据当地的疫情状况和疾病情况，选择合适的疫苗，并不是注射的疫苗越多越好。在我国北方地区给奶山羊注射的常用疫苗如下：

（1）口蹄疫疫苗　每年注射2次，春、秋季各1次。

（2）三联四防疫苗　每年注射2次，成年母羊配种前、产羔后各注射1次，公羊春、秋季各1次，羔羊断奶后注射1次。

（3）羊痘疫苗　每年2～3月注射1次。

（4）羊口疮疫苗　每年4月注射1次。

（5）小反刍兽疫疫苗　每年4～5月1次，成年羊每3年注射1次。

183 奶山羊疫苗免疫接种应注意哪些问题？

（1）注意疫苗接种的适宜对象和给药途径。

（2）注意疫苗接种奶山羊的适宜日龄、年龄、免疫保护期和免疫程序。奶山羊怀孕母羊等、病羊等禁止注射。

（3）注意疫苗及其专用稀释液的失效期。

（4）对奶山羊进行免疫接种应在其抗体最低、免疫保护期接近结束时进行。

（5）疫苗接种前后7日内禁止给奶山羊使用抗生素药物和消毒药物。

（6）利用活疫苗免疫前后3日内禁止带畜消毒。

（7）注意疫苗的冷藏运输和冷藏保管，禁止受日光照射。

（8）同一羊群接种时，尽量使用同一厂家、同一批号的疫苗。

（9）疫苗使用前应仔细检查，同时详细记录生产企业、疫苗批号和有效期。当发生包装破损、破乳分层、颜色改变等现象时不得使用。疫苗使用时，应将温度恢复至室温（从冰箱取出后放置2～3小时）。疫苗启封后，限当日用完。

（10）接种用具应无菌。接种时，奶山羊应使用12号针头，做到一羊一针，避免造成羊之间互相感染。

（11）拟在羊耳后部肌内注射疫苗时，注射部位用2%碘酊或75%酒精消毒。

（12）防疫接种后应做好接种记录并注意观察羊只表现。如出现过敏反应，可注射肾上腺素，并对症治疗；也可以往羊体上泼冷水；也可放鼻中、耳尖血、蹄头血。对用过的疫苗瓶、器具和未用完的疫苗，应进行无害化处理。

184 预防奶山羊疾病的措施有哪些？

对于奶山羊疾病，必须坚持"预防为主"的方针，具体综合预防措施如下：

（1）加强饲养管理　加强奶山羊的饲养管理，提高其抵抗力，是预防奶山羊疾病发生的重要措施之一。饲养奶山羊要做到管理标准化，饲养科学化，操作规范化。

（2）做好环境卫生　为了净化周围环境，减少病原微生物滋生和传播的机会，奶山羊羊舍周围的环境、活动场所及用具要保持清洁，并定期消毒；做好蚊蝇、鸟类和鼠类的扑灭工作，切断传播途径，控制或减少传染病和寄生虫病的发生与流行。

（3）做好圈舍消毒和粪便处理　圈舍是奶山羊生活和休息的场地，要经常保持干净和卫生，并定期对圈舍进行清扫、消毒。消毒可用消毒液喷洒消毒，如2%～5%氢氧化钠、5%来苏儿水、菌毒敌等溶液，也可用白灰粉、火喷、熏蒸、紫外线等方法消毒。对于羊粪，最实用的处理方法是生物热消毒法，在距羊场100～200米的地方，将羊粪堆积起来，上面覆盖6～10厘米的泥土密封后进行发酵，一般1个月后即可作为肥料。

（4）坚持疫苗注射和定期驱虫　在经常发生某些传染病的地区，或有传染病潜在危险的地区，按计划对健康羊群进行免疫接种，是预防和控制奶山羊传染病的重要措施。因此，饲养奶山羊必须制定"奶山羊防疫程序"并严格执行。

寄生虫病也是危害奶山羊身体健康的一种疾病，患寄生虫病奶山羊会出现消瘦、营养不良、食欲减退等症状，严重时可危及生命。定期给羊驱虫是预防寄生虫病的有效措施，一般每年春、秋季驱虫2～4次。驱虫方法有两种：一是药物驱虫，通过给羊口服或注射驱虫药驱虫，常用的药物有伊维菌素片（注射液）、左旋咪唑、丙硫咪唑、阿苯哒唑、吡喹酮等；二是药浴驱虫，这是防治羊螨病的有效措施，一般在每年的夏季进行，水温必须达到 20 ℃以上，常用的药物有精制敌百虫、林丹乳油、杀螨灵、胺丙畏等。

（5）检疫　检疫是将疾病的发生和传播消灭在萌芽状态的一种有力措施。羊只不管是出售、屠宰、收购、运输还是入场，都要经过兽医部门的检疫，特别是从外地购羊时一定要从非疫区购入，运抵目的地后，还要隔离观察 1 个月以上，方可入群。

185 怎样识别病羊？

健康奶山羊表现为食欲旺盛，毛顺光亮，精神饱满，行动敏捷，活泼爱动，反刍正常（每分钟 2～4 次），呼吸均匀（每分钟18～24 次），体温正常（38.5～39.5 ℃），粪球呈椭圆形并有光泽。

患病奶山羊表现为精神不振，行动迟缓，头低耳耷，卧地不起，体温升高，呼吸加快，食欲差，咳嗽，流涕，反刍停止，腹胀，粪便糖稀或干硬，产奶量下降等症状。发现以上情况，要及时检查并治疗。

186 什么叫传染病？什么叫普通病？各有什么特点？

传染病是指由病原微生物（细菌、病毒、真菌等）引起的具有传染性的疾病，其特点是奶山羊发病前有一定的潜伏期，发病后有特殊的症状，能相互传染，往往引起地方性或大面积流行，有时还会造成大面积死亡。

普通病是指非传染性疾病。这是由于饲养管理不当、卫生条件不好、圈舍潮湿、通风不良、热冷刺激、毒物和外伤引起的疾病。这类病不传染、多散发。

187 奶山羊发生传染病时应采取哪些措施？

当奶山羊发生传染病后，要采取相应措施，以尽可能减少损失。

（1）及时诊断和报告　当羊群发生疑似传染病时，应及时诊断，并向上级有关部门报告疫情，及时通知邻近单位，做好防控工作。具体措施如下：

① 隔离病羊，报告疫情　当奶山羊群发生疑似传染病时，要迅速隔离已发病奶山羊与健康奶山羊，并派专人管理。对病羊停留过的地方和被污染的环境、用具进行消毒；对已死亡的病羊尸体要保留完整，不经检查清楚不随便剖检；病羊的皮、肉、内脏等未经检验不许食用；疑似为口蹄疫、炭疽、羊痘、小反刍兽疫等一类或二类传染病时，应迅速向县级以上动物防疫部门报告，并通知邻近单位及有关部门做好预防工作。

② 及时诊断

A. 做好临床诊断　对于某些有典型症状的临床病例一般不难做出诊断。但对于发病初期尚未显现临床特征或非典型病例及无症状的隐性患羊，需借助其他诊断方法才能确诊。

B. 做好流行病学诊断　在临床诊断过程中，一般要弄清相关问题：第一，本次疾病流行情况，如最初发病的时间、地点，随后蔓延的情况；疫区内发病羊的数量、年龄、性别，查明其感染率、发病率和死亡率。第二，查清疫病来源，如当地以前是否发生过类似疫情，附近地区有无此病，本次发病前是否从其他地方引进过羊只或饲料，输入地有无类似疫情存在。第三，查清传播途径和传播方式，如查清本地羊只饲养、放牧情况，羊群流动、收购、调拨及卫生防疫情况，交通检疫、市场检疫和屠宰检疫的情况。通过上述调查给流行病学诊断提供依据，并拟定防治措施。

C. 做好病理学诊断和微生物学诊断　在临床诊断和流行病学诊断的基础上对病羊进行解剖诊断。另外，对采取以上措施尚不能确诊的，应进一步采取实验室方法进行诊断。

（2）紧急预防接种　为了迅速控制和扑灭疫病，对疫区和受威胁区内尚未发病的奶山羊要进行紧急免疫。但紧急免疫对处于潜伏期的患病奶山羊无保护作用，反而促使其更快、更集中发病。但由于这些急性传染病潜伏期较短，而疫苗接种后又很快产生抵抗力，因此流行很快就可能停息。

（3）隔离、封锁

① 迅速隔离　第一，对有典型症状或类似症状及其他特殊检查呈阳性的奶山羊都应当进行隔离，隔离场所禁止闲杂人畜出入和接近。工作人员出入应严守消毒制度。隔离区内的工具、饲料、粪便等物未经彻底消毒处理不得运出。对于没有治疗价值的病羊，应该按照国家有关规定进行严格处理。第二，未发现临床症状，但与病羊，以及其污染物、外境有过接触的羊只，如同群、同槽、同牧及使用过共同的水源和用具等，将这些羊只隔离看管并仔细观察，出现症状按病羊处理。经过一定时间不发病者，可取消限制。第三，既无临床症状也没有与病羊，以及其生存环境有过接触的奶山羊可定为假定健康羊，应将其与上述两类羊严格隔离饲养，加强管理，严格消毒，并采取必要的保护措施，如立即进行紧急接种，必要时可根据情况分散喂养或转移到偏僻场地喂养。

② 有效封锁　在暴发某些重要传染病，如口蹄疫、炭疽、羊痘等时，除采取措施严格隔离病羊外，还应立即报请上级部门，采取划区封锁的措施，以防止疫病向安全区域扩散。同时，按照检控制度要求，区别病羊情况采取治疗、急宰和捕杀处理等措施；对被污染的环境和物品进行严格消毒；病死羊的尸体应深埋，或作无害化处理。在最后一只病羊痊愈、急宰或捕杀后，考虑该病的潜伏期在一定时期再无疫情发生时，经过全面的终末消毒后可解除封锁。

（4）有效治疗　对有治疗价值的传染病患羊，应立即进行治疗。为了防止病羊传播病原，治疗应在严格隔离和封锁的条件下进行。对无法治疗、无治疗价值的病羊，或对其周围的人畜有严重威胁时，应及早宰杀和淘汰。尤其是当发生过一种过去从未发生过的危害性较大的新病时，应在严格消毒的情况下将病羊作淘汰处理。

（5）病死羊处理

① 深埋法　即挖一深坑，将病羊尸体掩埋，坑的长度和宽度能侧放羊尸体即可，坑的深度不少于1.5～2米（尸体表面至坑沿的距离）。放入尸体前，将坑底铺2～5厘米厚的生石灰；放入尸体后，将污染的土壤一起放入坑内，最后再撒上一层生石灰，填土夯

实。掩埋应选择在远离生活区、养殖场、水源、牧草地和道路，地势高且地下水位低，并能避开水流、山洪冲刷的僻静地方。此处理方法虽然简便、易行，但并不彻底，患烈性传染病病羊的尸体不宜作掩埋处理。

② 焚烧法　此方法多用于患烈性传染病羊尸体的处理，焚烧的地方应选择在远离村庄的下风处，且将尸体放于尸坑内进行焚烧。有条件的地方可将病死羊尸体送火化场进行焚烧，这样做既能销毁尸体，又能彻底消灭病原，但焚烧尸体时要注意防火。

③ 化制法　将病死羊尸体放入特制的容器中，进行烧煮炼制，也能达到消灭病原体和处理尸体的目的。

188 怎样防治羔羊口疮？

（1）病因　羔羊口疮是由传染性脓疱病毒引起的一种人兽共患急性接触性传染病。

发病羊和隐性带毒羊是本病的主要传染源，病羊唾液和病灶结痂中含有的大量病毒，主要通过受伤的皮肤、黏膜感染；特别是口腔有伤口的羊接触病羊或被污染的饲草、工具等易造成本病传播。本病多发于春季和秋季，羔羊和小羊的发病率高达90%（以1～6月龄的羊发病为主），因继发感染、天气寒冷、饮食困难等原因造成的死亡率可高达50%以上。

（2）症状　病变主要发生在口、唇、舌部位，经过红疹、水疱、脓疱、溃烂、结痂等阶段。病羊口流出发臭的浑浊液体，严重时整个患部形成大面积龟裂和易出血的痂瘤，痂瘤下伴有肉芽组织增生，嘴唇肿大外翻呈桑葚状突起，严重影响采食。

（3）防治

① 隔离病羊，将圈舍、用具用2%氢氧化钠溶液等彻底消毒；

② 给病羊提供柔软、易消化、营养高的饲草及充足的饮水；

③ 先用0.2%～0.3%高锰酸钾溶液冲洗创面，再涂以碘甘油或土霉素软膏；同时，根据病情注射抗病毒及抗生素类药物，必要时要补充营养液体等。

189 **怎样防治羔羊痢疾？**

（1）病因　羔羊痢疾是由B型魏氏梭菌感染羔羊而发生的一种急性毒血症细菌病，主要经消化道感染，也可通过脐带或创伤感染。本病多发生于出生数日的羔羊群，且一只羔羊发病很快会波及整个羔羊群，传染速度非常快，死亡率也很高。

（2）症状　病初羔羊精神萎靡，低头弓背，不想吃奶；之后发生腹泻，粪便恶臭，有的稠如面糊，有的稀薄如水，呈黄绿色或灰白色，后期有的含有血液甚至成为血便。有的羔羊表现为神经症状，四肢瘫痪，卧地不起，呼吸急促，口流白沫，头向后仰，最后体温下降，昏迷而死。

（3）防治

① 加强怀孕母羊的饲养管理，产羔前1个月注射羊三联四防疫苗；注意抓膘强体，产后保暖，防止受凉。

② 及时隔离病羊，做好圈舍及用具的消毒工作，保证奶品质量，饲喂要定时、定量，并注意测定体温。

③ 土霉素0.2～0.3克、胃蛋白酶0.2～0.3克，加水灌服，每日2次；对虚脱严重的羔羊，静脉注射5%葡萄糖20～100毫升；对于心脏衰弱的羔羊，肌内注射25%安钠咖（苯甲酸钠咖啡因）0.5～1.0毫升。

190 **怎样防治羊肠毒血症？**

（1）病因　羊肠毒血症又称"软肾病"或"血肠子病"，是由D型魏氏梭菌在羊的肠道中大量繁殖，产生毒素而引起的一种急性毒血症。本病发病急，死亡突然，3～12月龄羊易发此病。

（2）症状　病急突然，奶山羊常常当晚不见症状，而次日死于圈内。病初粪球干、小，濒死期肠鸣腹泻，排出黄褐色水样粪便，并混有血丝或肠膜；部分病羊出现卧地、四肢划动、全身震颤、眼球转动、磨牙、头颈向后弯曲等神经症状，最后口鼻流沫，常在昏迷中死去，体温一般不高。

（3）防治

① 潮湿、梅雨、气温变化季节，防止给羊饲喂过多精饲料。

② 定期预防注射三联四防疫苗。

③ 肌内注射青霉素 80 万～160 万单位，每日 2 次；或内服磺胺脒 8～12 克，每日 1 次；同时，结合强心、补液、镇静等对症治疗。

191 怎样防治伪结核病？

（1）病因 伪结核病又名干酪性淋巴结炎，是由伪结核棒状杆菌引起的一种接触性慢性传染病。

（2）症状 本病潜伏期不定。病初期奶山羊很少有明显的临床症状，因此往往不被人们所发现。成年羊感染后，起初被感染的部位发生炎症，后波及邻近淋巴结，随之炎症部位缓慢增大和化脓，脓汁由起初的稀薄、灰白色逐渐变为牙膏样、干酪样。脓肿被一薄膜包裹，直径大小为 3～5 厘米，切面呈同心环状，多发生在肩前、股前淋巴结。如体内淋巴结或实质器官受到侵害，则常在奶山羊死后剖检时才能发现病灶。若四肢肌肉深层发病，则表现跛行。此菌感染羔羊可引起羔羊化脓性关节炎，以腕关节、跗关节发炎较为常见。淋巴结脓肿自行破溃、结疤后，又在邻近处发生新的脓肿，有时还可形成瘘管。

（3）防治 平常应坚持搞好环境卫生工作，定期应用强力消毒灵或消毒王、菌毒敌等消毒剂带畜喷雾，消毒圈舍、槽具等；羊圈要及时清理干净，同时检查羊圈环境，除掉硬刺物。

可用 20％磺胺嘧啶钠注射液 10 毫升肌内注射，每日 1 次，连用 5 天。如发现脓包，则等脓包变软后及时进行手术治疗，同时注射破伤风针剂。切开脓包后，尽量挤尽脓液，用 H_2O_2、7％碘酒、高锰酸钾溶液清洗，洗毕塞入黄色条。中药可选用蒲公英 30 克、紫花地丁 25 克、黄柏 6 克、黄芪 6 克、山枝 9 克、黄药子 9 克、白药子 9 克，煎水灌服，每日 1 剂，连服 3 天。

192 怎样防治奶山羊传染性胸膜肺炎？

（1）病因 山羊传染性胸膜肺炎又名烂肺病，是由丝状支原体山羊亚种引起的山羊的一种高度接触性传染病。多呈急性和慢性经过，发病后羊只死亡率较高。

病羊为主要传染源，患病羊肺组织和胸腔渗出液中含有大量支原体，可主要通过呼吸道分泌物向外排菌。耐过病羊肺组织内的病原体在相当长时间内仍具有活力，具有散播病原的危险性。本病常呈地方流行性，在冬、春季枯草季节，羊只消瘦、营养缺乏、寒冷潮湿、羊群拥挤等因素存在时可诱发本病。

（2）症状　病初羊只体温升高，食欲减退，咳嗽，流浆性鼻涕；4～5天后，咳嗽加重，流黏性或铁锈色鼻涕。胸部听诊出现支气管呼吸音及摩擦音。叩诊呈浊音，病变多发生在一侧，触摸胸壁则病羊表现疼痛。呼吸困难，体温升高至41～42℃，高热稽留，弓背作痛苦姿势。妊娠母羊流产，瘤胃臌气，眼睑肿胀，口腔溃烂，唇、乳房皮肤发疹，病程可7～15天。发生羊传染性胸膜炎时，病变多局限于胸部，胸腔有淡黄色积液，一侧或两侧性肺炎。肺发生肝变，胸腔有纤维蛋白性渗出，胸膜变厚，表面粗糙，胸膜、肺、心包膜互相发生粘连。心包积液，心肌松软。肝脏、脾脏肿大。胆囊积有多量胆汁。肾脏肿大，被膜下有出血小点。病程延长时，可见化脓性肺炎。

（3）防治　坚持定期检疫，每年定期使用山羊传染性胸膜肺炎氢氧化铝菌苗接种。6月龄以下的羊只，皮下或肌内注射疫苗3毫升；6月龄以上的羊只注射疫苗5毫升。发病若由羊肺炎支原体引起，可使用羊肺炎支原体灭活苗进行免疫接种。

患病较轻的病羊用复方氨基比林7毫升和头孢曲松钠0.4克，混合后肌内注射，每日2次，连用5～7天；严重病羊用泰乐菌素5毫升/（只·次），每日2次，连用5～7天。

193 怎样防治奶山羊角膜炎？

（1）病因　角膜炎，又称传染性角膜结膜炎、眼炎、红眼病，是奶山羊常见的眼科传染性疾病，主要由角膜外伤、细菌感染或空气污浊刺激等引起。

（2）症状　患病奶山羊怕光，流泪，疼痛，眼睑肿胀、充血，眼分泌物增多；严重者眼晶状体发生混浊，表面覆盖一层白色云翳或白斑。

（3）防治

① 将病羊和健康羊隔离饲养。病羊放在暗处，特别是在白天注意防止受强光刺激。

② 有角膜翳者，将青霉素20万～40万单位溶于蒸馏水中，用细针头注射到眼睑皮下，每隔3天注射1次，连续注射3次。

③ 热敷和用2‰硼酸水洗眼，每日3次。

④ 给患病奶山羊供应营养高、易消化的饲料。

194 怎样防治奶山羊小反刍兽疫？

（1）病因　小反刍兽疫是由小反刍兽疫病毒引起的小反刍动物的一种急性、烈性、接触性传染病，健康动物直接或间接接触到病畜的分泌物和排泄物时，呼吸道为主要感染途径。该病主要感染山羊、绵羊及一些野生小反刍动物。

（2）症状　病羊主要表现为发热、口炎、腹泻、肺炎。急性型体温可上升至41℃，持续3～5天；流黏液脓性鼻漏，呼出恶臭气体。口腔黏膜广泛性损害，出现坏死性病灶；后期出现带血水样腹泻，严重脱水，消瘦，随之体温下降。咳嗽、呼吸异常。剖检可见肠糜烂或出血，尤其在结肠、直肠结合处呈特征性线状出血或斑马样条纹。

（3）防治　做好日常饲养管理和消毒工作。外来人员和车辆进场前应彻底消毒。严格执行动物防疫法律法规，严禁从疫区引进奶山羊。疫病发生区应严密封锁，隔离消毒，扑杀患畜。使用弱毒疫苗进行预防接种。

195 怎样防治奶山羊疥癣病？

（1）病因　疥癣病是奶山羊的一种传染性很强的皮肤病，主要由疥癣虫引起，身体各个部位均可出现，但常以头部、颈部和腿部最多，特别是在秋、冬季发病率最高，容易蔓延。

（2）症状　临床表现是患病奶山羊皮肤发痒、发炎、脱毛和营养不良，严重影响生长。

（3）防治　本病发生时，切不可掉以轻心，发现后要及时采取以下措施：

① 将病羊进行隔离，对圈舍彻底清理，同时用0.5%敌百虫溶液消毒。

② 全群羊注射驱虫药和用杀螨灵溶液喷洒羊体，有条件时可进行药浴。

③ 病羊少时可单独涂药治疗。方法是，先刮下患病处的皮屑，然后再涂林丹乳油、精制敌百虫等药。

196 怎样防治奶山羊绦虫病？

（1）病因　山羊绦虫病是由莫尼茨绦虫、曲子宫绦虫和无卵黄腺绦虫寄生在小肠中而引起的一种寄生虫病。

（2）症状　病羊食欲减退，精神不振，消瘦，贫血，腹泻与便秘交替。严重者卧地不起，头向后仰，出现抽搐、痉挛或做回旋运动。

（3）防治

① 口服丙硫苯咪唑，剂量为5～6毫克（按体重计）。

② 每年春、秋季定期驱虫2次。

③ 驱虫后要将粪便及时清理，羊圈彻底消毒，以防传播该病。

197 怎样防治奶山羊脑包虫病？

（1）病因　脑包虫病即转圈病、疯病，是由多头绦虫的幼虫（多头蚴）引起的一种绦虫蚴病。羊吃了含有被脑包虫虫卵污染的草或水时可引起该病。

（2）症状　病羊暴躁不安，对外界刺激反应迟钝，头痛转圈，痉挛，头向后仰或下垂，有时横冲直撞，用头抵墙，精神沉郁，食欲废绝，后肢瘫痪，卧地不起，终因极度消瘦而死。

（3）防治

① 成虫主要寄生在狗、狼、狐等肉食动物的小肠内，虫卵随粪便排出体外可污染饲草、水源，因此要消灭野狗等动物。

② 患病羊的大脑应作焚烧或深埋处理，严禁喂狗或乱扔。

③ 治疗时，对确定的手术部位剃毛、消毒后用钢锯锯开颅骨，用注射器吸出囊疱。

198 怎样防治奶山羊球虫病？

（1）病因　球虫病是由多种球虫寄生于羊的小肠内引起的以下痢为主的原虫病，呈地方性流行，多发于温暖多雨甚至炎热的春季、夏季和秋季，死亡率为 10%～25%。各种年龄的奶山羊均可患此病，尤以羔羊和青年羊的感染率最高。

（2）症状　多见于青年羊，主要症状为腹泻，黏膜苍白。潜伏期 2～3 周，多为慢性经过。羊粪中带有剥脱的黏膜和大量血液，甚至是黑色血凝块，有恶臭，大便失禁，体温升高到 41 ℃。剖检可见病变小肠黏膜上有粟粒大小且常呈簇状分布的淡白黄色圆形或卵圆形结节。

（3）防治　定期消毒羊舍，及时清除粪便等污染源。

① 球虫宁 0.1 克/千克（按体重计），拌料饲喂，连用 5 天。

② 磺胺二甲嘧啶 0.1 克/千克（按体重计），口服或拌料饲喂，连用 5 天。

③ 磺胺脒 1 份、次硝酸铋 1 份、矽碳银 5 份混成粉剂，10 克/千克（按体重计），1 次/日口服，连用数天。

④ 氨丙啉，50～100 克/千克（按体重计），拌料饲喂，连用 4 天。

⑤ 可同时进行止泻、强心、补液等对症治疗。

199 怎样防治奶山羊乳房炎？

乳房炎是由于病原微生物感染而引起乳腺和乳头发炎、乳汁理化特性发生改变的一种疾病。

（1）病因

① 细菌感染　乳房炎主要是由革兰氏阳性细菌、化脓棒状杆

菌和链球菌等感染所致，其中以溶血性金黄色葡萄球菌、无乳链球菌的危害最为严重。它们要么事先已存在于乳房当中；要么来自体内其他部位，经血液和淋巴液传入乳腺。

② 外伤　奶山羊常由于机械性损伤、挤奶不当等损伤乳头皮肤及乳池黏膜而造成感染。

③ 其他原因　包括管理不当、卫生不良、产后生殖道感染等。

（2）症状　乳房发红，硬、肿，热痛。奶量减少，奶汁稀薄，呈淡灰色、黄色，且内含白色絮状物或血丝。严重者体温升高，食欲减退，精神差，乳房发紫、冰凉，奶汁完全成血水样。

（3）防治

① 搞好圈舍消毒和奶山羊乳房的擦洗工作，防止乳房受感染。

② 减少精饲料的喂量，控制饮水，停喂多汁饲料，增加挤奶次数，发病初期用凉水对乳房冷敷 15～20 分钟。

③ 用 0.25％盐酸普鲁卡因 10～20 毫升加入青霉素 20 万～40 万单位，在乳房基部 3～4 点直接注射入乳腺组织内。

④ 乳房灌注，把乳房中的奶挤干净，用生理盐水进行冲洗，然后把青霉素 80 万单位和链霉素 100 万单位溶于 40～50 毫升生理盐水中用乳导管灌入乳房内并进行轻微按摩；

⑤ 宫乳双效进行静脉注射，2 次/日，根据病情进行全身治疗。

乳房炎是奶山羊常见、易发的一种疾病，对生产可造成很大的损失。乳房炎形成的原因比较多，病因、病程也很复杂，发现奶山羊患有乳房炎后最好求助兽医或在专业人员的指导下诊治。

200 怎样防治奶山羊感冒？

（1）病因　主要由于寒冷刺激、天气突变而引起的一种急性全身性疾病，无传染性。一年四季均可发生，但以早春、晚秋发病较多。

（2）症状　患病羊食欲降低，反刍减少或停止，体温升至 40 ℃以上，毛竖立，全身发抖，呼吸次数增加，流清鼻液，有时咳嗽，四肢无力，喜卧不动。

（3）防治

① 秋季和冬季要注意防寒保温，特别是天气突变时，要注意关闭门窗，或防止奶山羊受雨淋。

② 安痛定或氨基比林或柴胡注射液 10～20 毫升，青霉素80 万～160 万单位，肌内注射，2 次/日。

③ 安痛定、清热解毒注射液各 10 毫升加入青霉素 160 万～240 万单位，肌内注射，2 次/日。

④ 食欲不好时可口服健胃药，如人工盐 5～10 克和酵母片20～30 片混合灌服。

201 怎样防治奶山羊瘤胃膨气？

（1）病因　奶山羊大量采食精饲料后饮水，或空腹放牧于霜、雨及露水未干的豆科草地，或过多采食发霉、冰冻的饲草和饮水后可引起瘤胃膨气。

（2）症状　患羊左腹膨大，高过脊梁，敲之如鼓响，低头弓背，呼吸困难，腹部疼痛，起卧不安；严重时结膜发紫，站立不稳，倒地呻吟。如不及时治疗，可在 1 小时左右因痉挛而窒息死亡。

（3）防治

① 不要在露水、雨水未干时放牧，或放牧前先给奶山羊饲喂一些干草。

② 灌服消气灵 10 毫升（加水 100～200 毫升），或来苏儿水 2～5毫升，或福尔马林溶液 1～3 毫升。

③ 严重时立即用 12 号套管针在左腹部膨胀最高处朝右前肢肘部方向刺入，进行瘤胃穿刺放气并灌入 5% 克辽林 10～20 毫升。注意放气不宜过快，穿刺前、后都要对针、皮肤、伤口进行消毒。

202 怎样防治奶山羊前胃弛缓？

前胃弛缓是由于前胃兴奋性降低和收缩能力减弱，造成消化代谢机能异常而引起的一种疾病。

（1）病因　主要是饲喂不当引起，如突然更换不易消化的饲草，长期饲喂大量的酒糟、谷壳、过细的粉料等，使瘤胃负担过重，不能正常进行混合、分解消化和后送，导致胃内容物腐败发酵，产生大量的有机酸和有毒物质，使前胃机能发生障碍；另外，不定时定量饲喂、采食过多等也容易使本病发生。

（2）症状　病羊食欲减退或停止，鼻镜干燥，耳尖、四肢发凉，磨牙，嗳气，眼球下陷。患病初期，粪便少而干燥，表面附有黏液。久病后排出稀而恶臭的粪便，并逐渐消瘦，精神沉郁，严重的后躯摇摆，卧地不起，不久死亡。

（3）防治

① 严格按要求饲喂，定时定量，变化饲草时要逐渐进行，保持适当运动。

② 灌服人工盐 20～30 克和大黄苏打片 30～50 片。

③ 静脉注射促反刍液 100～300 毫升。

④ 根据病情进行全身治疗，可静脉注射碳酸氢钠、抗生素及保肝利胆类药，皮下注射维生素 C 或维生素 B_1。

203 怎样防治奶山羊瘤胃积食？

羊瘤胃积食俗称"宿草不转"，是由于过量饲料滞留在瘤胃内引起的一种消化不良性疾病。

（1）病因　瘤胃充满异常多量的食物而引起的瘤胃体积增大、胃壁扩张和前胃机能紊乱，特别是奶山羊吃了大量不易消化的饲料后，加之饮水不足、缺乏运动等更容易出现瘤胃积食。

（2）症状　初期病羊食欲减少，反刍停止，鼻镜干燥，粪球干而小，排粪困难，有时出现腹痛、弓背、呻吟和磨牙，触摸瘤胃部胀满、坚实，好像生面团，指压留痕，体温一般不升高。病至后期，病羊食欲废绝，反刍消失，衰弱脱水，行走无力，卧地不起，四肢震颤，呈昏迷状态。

（3）防治

① 禁食 1 天，多次少量饮水。

② 用硫酸钠 50～100 克内服或硫酸镁加水灌服。

③ 病期长的可静脉注射 10％氯化钠 50～100 毫升或糖盐水 200 毫升、10％氯化钠 50 毫升、10％氯化钙 20 毫升和 25％安钠咖 10 毫升。

④ 灌服人工盐 20～30 克和大黄苏打片 30～50 片。

⑤ 口服止咳宁糖浆或磺胺二甲基嘧啶。

204 怎样防治奶山羊母羊流产？

流产是胎儿或母体的生理过程发生紊乱，或它们之间的正常关系受到破坏而引起的怀孕中断。

（1）病因

① 胎儿畸形、胎水过多或患者子宫发育不全、子宫颈炎或阴道炎等疾病。

② 饲养管理不当、营养不足、发霉变质；或羊体瘦弱，饮冰冻、污染的水。

③ 机械性损伤，如剧烈跳跃、跌倒、冲撞、打架、踢伤、挤压等。

（2）症状　胚胎消失，即隐性流产，怀孕初期胚胎被母体吸收；母羊精神怠倦，食欲减少，起卧不安，阴户流出羊水或血水，最后分娩出胎儿或死胎。

（3）防治

① 加强饲养管理，特别是怀孕初期和怀孕后期的管理。

② 对有早期症状的病羊注射黄体酮 1～1.5 毫升，1 次／日，直至症状消失。

③ 母羊出现流产症状后，子宫颈口若没有张开则可肌内注射乙烯雌酚 20～30 毫升或苯甲酸雌二醇 10～15 毫升；

④ 胎儿被排出后，对胎衣不下的奶山羊母羊应进行治疗。

205 奶山羊母羊产后胎衣不下怎么办？

胎衣不下是指母羊分娩后超过 6 小时胎衣还没有全部排出的现象。

（1）病因　母羊怀孕期运动不足；饲料中钙、盐及维生素不足；营养不良，体质虚弱；子宫收缩不足及疾病等均可使奶山羊母羊产后出现胎衣不下。

（2）症状　一部分胎衣悬垂于阴门之外，母羊弓背，努责。病情严重且超过一天的，胎衣会发生腐败，当羊吸收腐败产物时，会引起自体中毒，常会出现体温升高、食欲减退、奶量下降、阴道分泌物恶臭等。

（3）防治

① 脑垂体后叶素 2～4 毫升或 25％葡萄糖溶液 100 毫升加入 2～4 毫升麦角新碱静脉注射，病情严重的要结合抗生素进行治疗。

② 剥离胎衣，一般情况下用手捻转悬在阴门外的胎衣即可将其剥离，如不能剥离则可用手操作。方法是先用 0.1％高锰酸钾溶液将自己的手臂和羊的外阴清洗后消毒；在手臂上涂石蜡油后伸入羊的子宫，用手将绒毛膜从母体子叶上剥离下来（先从远处剥离，逐渐向前剥离）；剥离完后用生理盐水将子宫冲洗，同时灌注青霉素和链霉素各 160 万单位。

206 什么是难产？怎样给难产奶山羊母羊助产？

难产是指怀孕母羊分娩发生困难，不能将胎儿产出。奶山羊的正常胎位见图 10-1。

图 10-1　奶山羊的正常胎位

（1）原因　在临产奶山羊母羊子宫颈狭小、骨盆腔狭窄、年龄过大、体弱或胎儿过大等的情况下，可造成难产。

（2）助产方法　当母羊努责无力时，要用手握住羔羊前蹄或后蹄顺势向后下方轻拉；如果胎儿头部和颈部侧弯、下弯，前肢弯曲（胎儿横向都属于胎位不正），要采取让母羊前高后低的姿势右侧卧下。助产者将指甲剪平后磨光，用0.2%新洁尔灭消毒手臂和母羊的外阴部，根据情况对胎儿采取矫正措施，然后将其拉出。对于特殊情况下不能产出胎儿的怀孕奶山羊母羊，可根据情况进行剖宫产手术或将胎儿分解取出（图10-2）。

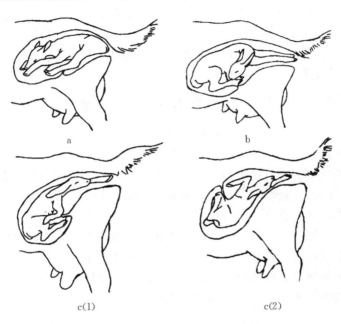

a　　　　　　　　　　　　　b

c(1)　　　　　　　　　　　　c(2)

图10-2　奶山羊的异常胎位
a.臀端前置　b.两腿前伸，头向后仰
c（1）和c（2）.头部前置，一条或两条前腿弯曲

207 怎样防治奶山羊氢氰酸中毒？

（1）病因　病羊由于采食或饲喂了含有氰甙配糖体的植物而引起，如饲喂过量的高粱苗、玉米苗、胡麻苗或误食氰化物等，然后在胃内酶及胃酸的作用下，产生了游离的氢氰酸而致病。

（2）症状　奶山羊采食30分钟内发病，且病情突然、迅速。患病羊先是兴奋不安，流涎，腹痛，呼吸和心跳次数增加；很快变为沉郁状态，并极度衰弱，行走不稳，体温下降，后肢麻痹，肌肉痉挛，最后在昏迷中死去。

（3）防治

① 禁止给奶山羊饲喂或到含有氰甙酸作物的田地里放牧。

② 亚硝酸钠 0.2～0.3 克加入 5％葡萄糖溶液 50～100 毫升静脉注射，然后静脉注射 10％硫代硫酸钠溶液 10～20 毫升。

③ 口服 0.1％高锰酸钾溶液 100～200 毫升，或 10％硫酸亚铁溶液 10 毫升。

208 怎样防治奶山羊有机磷农药中毒？

（1）病因　奶山羊有机磷农药中毒是其接触、吸入或采食某种有机磷制剂，体内胆碱酯酶活性受到抑制，从而导致神经生理机能紊乱的疾病。有机磷农药根据其毒性可分为三类：剧毒类，如对硫磷（1605）、内吸磷（1059）；强毒类，如敌敌畏、乐果、杀螟松；弱毒类，如敌百虫、马拉硫磷。

（2）症状　病羊食欲、反刍停止，狂躁不安，咬牙，流涎、流泪，眼球震颤，瞳孔缩小，黏膜苍白。病情严重时，心跳加快，腹泻，中枢神经系统机能紊乱，全身抽搐，机体失去平衡，步态不稳，以致卧地不起，最后因呼吸困难而麻痹致死。

（3）防治

① 加强农药管理，防止奶山羊误食或饲喂拌过有机磷农药的种子，不到喷洒过农药的地里放牧。

② 静脉注射解磷定，每千克体重 15～30 毫克，溶于 100 毫升 5％葡萄糖溶液中。

③ 肌内注射硫酸阿托品 10～30 毫克，对症状不减的病羊可重复使用。

十一、山羊奶及其产品加工

羊奶的营养特点是什么？

羊奶营养价值高，营养成分齐全。羊奶从基础结构到特性都与人奶十分相近，富含人体所需的蛋白质、脂肪、碳水化合物、矿物质及多种维生素。每千克羊奶的产热量为 3 264 千焦，比牛奶高210 千焦。

羊奶含脂率高，其脂肪含量为 3％～4％。乳脂肪主要由甘油三酯组成，短链脂肪酸含量高。它以脂肪球的形式存在于奶中，形成的脂肪球小，脂肪球直径一般在 2 微米左右，而牛奶脂肪球直径为 3～4 微米。由于羊奶脂肪球直径小，因此容易被消化，其消化率高达 97％～98％。

羊奶蛋白质品质优良，易消化吸收。羊奶中的蛋白质主要是酪蛋白和乳清蛋白，羊奶、牛奶和人奶三者的酪蛋白和乳清蛋白之比大约为 75∶25、85∶15 和 60∶40。由于羊奶中的酪蛋白含量相对较低，在胃中形成的凝乳颗粒小且相对较软，因此易于人体消化吸收，乳蛋白消化率可达 98％左右。

羊奶富含多种矿物质和维生素。羊奶中的矿物质，如钙、磷、钾、镁、锰等的绝对含量比牛奶高 1％、相对含量高 14％；钙、磷的含量是人奶的 4～8 倍，每 100 克羊奶含钙 180 毫克、磷 120 毫克。维生素总含量比牛奶高 11.29％，10 种主要维生素，如维生素A、维生素 B_1、维生素 B_2、维生素 B_{12} 和维生素 C 等的总量，每100 克山羊奶中含量为 780 微克，而牛奶中的含量为 700 微克。

羊奶酸度低，缓冲性好，饮用更安全。羊奶酸度低，为12～15°T，具有抗变态反应特性；牛奶则偏向酸性，为17～18°T。羊奶中含有多种磷酸盐类，是优良的缓冲剂，对胃酸过多或胃溃疡有一定治疗作用。羊奶中的核苷酸含量较高，对婴幼儿发育有好处。与奶牛相比，奶山羊不易患结核病，因此饮用羊奶更安全。

饮用羊奶可避免牛奶蛋白引起的过敏症。牛奶中的某些蛋白质如 α-s1 酪蛋白和 β-乳球蛋白是目前公认的过敏源。在正常情况下，这两种蛋白质都能被人体消化吸收；但如果人体消化能力不足，这两种蛋白质以未被消化的形式进入人体，就会引起过敏反应。牛奶过敏的常见症状是皮疹、湿疹、腹痛、腹泻等胃肠道反应。羊奶中这两种蛋白含量接近人奶，而低于牛奶。

210 羊奶有哪些保健作用？

（1）提高人体免疫力　羊奶营养全面，富含多种微量元素及矿物质。羊奶富含维生素 A，可营养视神经，保护视力，预防青少年近视及其他多种脑部疾病的发生。同时，羊奶独有的上皮细胞生长因子（epidermal growth factor，EGF），可修复胃肠道及呼吸道黏膜，提高人体免疫力。

（2）增强智力和恢复脑功能　羊奶与人奶的蛋白质分子都非常细小，都易于消化吸收。相比而言，牛奶中的蛋白分子粗大，较难消化。人奶和羊奶中的牛磺酸含量比牛奶高 10 多倍，而牛磺酸虽不是构成蛋白质的氨基酸，但是人体生长发育所必需的氨基酸，对促进儿童，尤其是婴幼儿大脑等重要器官的生长发育有很重要的作用。羊奶中的乳糖含量低，脂肪球直径比牛奶小，因此比牛奶更易消化吸收。羊奶脂肪中脑磷脂和核苷酸的含量均比牛奶的高，对增强儿童智力和恢复老人脑功能都十分有益。

（3）营养均衡全面，不会产生虚胖　羊奶与人奶的脂肪结构十分接近，极为细小且不黏结，容易消化吸收。另外，羊奶还参与人体新陈代谢，不会造成脂肪在体内的堆积。除脂肪结构外，羊奶的其他分子结构也与人奶的十分接近，均比较细小，易于消化。这使人们在获得均衡而全面的营养时，不会产生虚胖现象。羊奶的乳糖能被人体吸收，不会使人不耐受。

（4）含有大量的免疫活性球蛋白　人奶与羊奶中存在大量的免疫活性球蛋白，而婴儿自身由于还没有能力产生免疫球蛋白，因此一般只能借助母乳得到免疫球蛋白。羊奶能提供足够的免疫球蛋白，可以大大提高婴儿的免疫力。

（5）促进骨骼发育和心肌功能　羊奶与人奶中的矿物质都呈游离状态，钙磷比例适合，有利于钙的吸收，以促进骨骼发育。羊奶和人奶中镁的含量十分合理，有利于婴儿的心肌功能。

（6）含有丰富的DHA　DHA是大脑和视网膜发育的重要元素，对婴儿智力和视力发育起到关键作用，羊奶和母乳中都含有丰富的DHA。

（7）含有活性因子——上皮细胞生长子因　羊奶中含有和人奶中一样的活性因子——上皮细胞生长因子（EGF），EGF可促进人类上皮细胞生长。喝羊奶时，口腔、咽喉、食道、胃、肠等上皮细胞表层受到羊奶的刺激，并浸润在羊奶丰富的营养成分中，可修补老化、坏死、磨损的上皮细胞，同时防止细菌侵入，保证人体的生理功能得以正常发挥。另外，EGF也有助于皮肤弹性蛋白的形成，可美白皮肤。不仅如此，EGF是婴儿肠胃及肝脏发育的重要因子，对婴儿发育有利。

（8）具有抗过敏反应特征　羊奶的酸度比牛奶的低，具有抗过敏反应特征，是胃酸过多、胃肠溃疡者的理想饮品。另外，羊奶中的胆固醇含量比人奶的低，对降低动脉硬化和高血压的发病率有一定意义。

（9）超氧化物歧化酶含量丰富　羊奶中的超氧化物歧化酶含量丰富，对人具有抗炎、抗衰老的作用。长期饮用或用羊奶洗脸、洗身，对人体还具有显著的返老还童、延年益寿、美容养颜的功效。

（10）天然弱碱性食物　羊奶和人奶都是天然弱碱性食物（而牛奶是弱酸性），因而有利婴幼儿健康和改善营养吸收，而且其偏碱性的良好缓冲特性对肾炎、结核及哮喘等疾病也具有促进康复的作用。羊奶还有预防呼吸道、胃肠道等疾病发生的功效。

（11）喝羊奶不易上火　大多数在肠胃停留时间比较长的食物不易消化吸收，而造成肠胃蠕动缓慢，产生所谓的热气，造成便秘，表现上火现象。羊奶的分子结构细小，在胃中停留时间较短，因此喝羊奶不易上火。

211 羊奶对不同人群有哪些营养作用？

（1）婴儿　用羊奶喂养的婴儿，其身高、体重、骨密度均超过同期用牛奶喂养的婴儿，婴儿血液中维生素和有益微量元素的含量，也都高于牛奶喂养的婴儿。婴儿对羊奶的消化率可达94%以上。羊奶的脂肪球比牛奶的要细小得多，易于吸收，婴儿饮用后不会发生便秘。

羊奶进入肠道有益于乳酸菌生长，以及钙和其他物质的吸收。羊奶中富含母乳才有的上皮细胞生长因子，而牛奶中则不含。由于上皮细胞生长因子可修复鼻、支气管、胃肠等黏膜，因此羊奶对患呼吸道、胃肠道疾病的婴幼儿来说是最佳食疗品。

（2）青少年　青少年期骨骼发育最为旺盛，钙的摄入尤为重要。羊奶中钙含量高达125～140毫克/100毫升，比其他奶制品都高。且羊奶中的钙分子小（钙磷比例接近1∶1），乳糖分子也小，这些因素都可使钙质能够被充分吸收。

（3）孕妇和乳母　羊奶是营养成分最全、最易被人体吸收的乳制品，可以满足女性从备孕一直到怀孕3个月再到怀孕中后期的营养需要。羊奶中所含的上皮细胞生长因子，可有效提高胎儿及产妇的免疫力。另外，羊奶还可以促进泌乳并能提高乳汁质量。

（4）成年人　面对日益激烈的社会竞争，很多人身体处于亚健康状态。而羊奶中含有烟酸等助眠安神物质，饮用羊奶后具有一定的镇静安神作用。

羊奶不仅可以带给人们健康的身体，也是女性不可多得的一种"美容食品"。羊奶中的EGF对皮肤细胞有修复作用，可纠正体内内分泌紊乱，使色素平衡，均衡皮肤内的色素；加快并促进皮肤新陈代谢，使皮肤表面老化角质自然分离脱落，从而加速色素分解，有效预防女性面部色斑的堆积与形成。

在东南亚，大部分成年人肠道中缺乏乳糖分解酶，羊奶中的乳糖含量相对较低，可以减轻饮用乳制品而造成的呕吐、胃肠胀气、腹泻等乳糖不耐症的发生率。

（5）老年人　老年人肠胃功能衰退，羊奶中的脂肪球颗粒细小且均匀，不饱和脂肪酸含量多，易被消化吸收。羊奶中含有的一种黏多糖，能够抑制肠道中的大肠杆菌繁殖，有助老年人肠道健康。羊奶中所含的中链脂肪酸和短链脂肪酸能有效避免脂肪堆积，有益于控制体重。羊奶中的钙含量高，能防止老年人常见的骨骼软化疏松。羊奶中的胆固醇含量低，对预防人体的动脉硬化和高血压有一定作用。老年人易受病毒侵袭，羊奶中富含与人奶相同的 EGF 和免疫球蛋白，可预防感冒等病毒的侵袭。

212 山羊奶有哪些色泽与气味？

山羊奶为白色、不透明的液体，其色泽也随乳成分、饲料组成等的变化而有所差别。由于山羊奶中胡萝卜素的含量很低，因此其色泽比牛奶白（奶的色泽是鲜奶常规检验的重要指标）。

山羊奶有一种特殊的气味——膻味，即豆香味，山羊奶的味道没有牛奶甜，比较浓厚。新鲜羊奶通常不易闻出来气味，加热时气味才比较明显。但羊奶很容易吸收周围环境中的特殊气味，如青贮饲料味；与鱼、虾等放在一起，则有鱼腥味；接近葱、蒜时，则带有葱、蒜味；在日光下暴晒时，则带有油酸味；用铁、铝一类金属器皿盛装时，则带有金属味。羊奶贮存时间过长，会产生臭膻味等不良气味。

213 影响山羊奶比重的因素有哪些？

山羊奶的比重一般为 28°左右，其与乳成分关系密切。山羊初乳比重较高，可达 50°以上。常乳中干物质含量越多，比重越大；

脂肪含量越高，比重越低。山羊奶比重的高低与奶山羊所处的生理阶段和精饲料的饲喂量有关。泌乳前期和末期羊奶比重大，中期比重小；饲喂精饲料量多时，比重也小。外界温度升高，乳中的脂肪和水分增加，比重降低。掺水后，乳的比重降低，且掺水越多，比重越低。羊奶中如混有盐类（如食盐等），则比重上升。

214 山羊奶的pH是多少？

羊奶酸度可预示其新鲜度，是衡量羊奶质量的一个重要指标。正常羊乳pH为6.6～6.9，pH超过6.9时可能是乳房炎乳。pH低于6.6时，则可能混有初乳或羊奶中已有细菌繁殖而产酸，使酸度升高。乳房炎乳和高酸度乳均不符合卫生标准。

羊奶酸度有两种。其固有酸度称为自然酸度。羊奶贮存时，由于乳酸菌等微生物的繁殖而使乳糖分解产生乳酸，致使羊乳酸度逐渐增高，pH降低，这种因发酵产酸而升高的酸度称发酵酸度。两种酸度之和称总酸度，即通常我们所说的酸度。

215 山羊奶的污染途径有哪些？

（1）羊体污染　奶山羊喜爱清洁，但环境中存在的各种各样的细菌或微生物多附着在乳头周围，挤奶时有可能混入羊奶中而污染鲜奶。

（2）挤奶用具污染　挤奶时所有的奶桶、滤布、擦洗乳房的毛巾要清洗和消毒，否则也会污染鲜奶。

（3）乳房污染　由于奶山羊经常在圈舍内垫草或粪污地面上卧息、反刍，因此细菌很容易经乳头管进入乳池下部，侵入乳房，这样也可造成鲜奶污染。

（4）挤奶员污染　挤奶员个人卫生与羊奶质量的关系很大，不讲究卫生、尘土满身、指甲长且积满污垢、清圈或修蹄后不洗手就挤奶等势必造成鲜奶受到污染。

（5）空气污染　如果挤奶和收奶过程中鲜奶长时间暴露在空气中，就有可能增加空气中微生物等污染鲜奶的概率。

216 防止鲜奶污染的措施有哪些？

（1）确保羊体清洁　奶山羊腹部、乳房、后腿部等很容易被地面、粪、尿、垫草等污染，从而导致鲜奶受到污染，因此要特别注意羊体清洁。要经常刷拭羊体，清洗其腹部、乳房等，以有效地防止鲜奶受到污染。

（2）消毒挤奶用具　为了做好奶桶的清洗和消毒工作，最好利用圆形小口挤奶桶，这样不易使细菌、杂物落入奶中，同时要注意奶桶清洗与杀菌。用完后的奶桶，先用开水冲洗，然后用碱液洗涤，清水漂净后再用开水冲洗。

（3）羊只检疫与淘汰　规模较大的养羊户，要对羊只定期检疫，发现患有结核病、布鲁氏菌病的羊只应及时扑杀，以免传染给其他羊只。患有乳房炎的病羊所产的乳不应混入健康羊奶中，要另作处理，严重病羊要淘汰。

（4）培训收奶员　收奶员是鲜奶质量的检查员，有保证奶汁纯洁、无污染的责任。乳品厂要在饲养奶山羊数量较多的地区培训一批业务能力强、素质高、办事公正的收奶员，以保证鲜奶质量符合卫生和加工要求。

（5）选建收奶点　收奶点是鲜奶集中和运输的场所，应在适宜的地方建立，要背风向阳，地面干净，最好铺上沙石或筑成水泥地面，这样可有效防止由于尘埃飞扬等造成的鲜奶污染。

（6）挤奶员要注意卫生　挤奶员与奶山羊和鲜奶的接触最多，要勤洗衣服、勤剪指甲，挤奶时最好戴上口罩和卫生帽，防止身上的杂物及唾液、头发落入鲜奶中。此外，挤奶员还应定期作身体检查，凡患有传染病、痢疾和化脓症等疾病的挤奶员均不能参与挤奶。

（7）缩短交奶时间　鲜奶存放时间过长会增加细菌等微生物的繁殖机会。挤奶 8 小时后，细菌数增加了十几倍，且外界温度越高，增加越多。尽量缩短挤奶到交奶的时间，也是防止和减少羊奶受污染的措施之一。

217 怎样运输山羊奶?

山羊奶在运输过程中温度难免上升到 4 ℃以上，但不要高于 10 ℃。若用奶罐车运羊奶时，则羊奶在装入贮奶罐前，温度最好降至 4 ℃以下。用奶桶运输羊奶时，要尽量减少运输距离和缩短存放时间，并注意以下几点：

（1）为防止山羊奶在运输途中温度升高（特别是夏、秋季节），运输时间最好安排在夜间或早晨，或用隔热材料将奶桶遮盖。

（2）运输所用的容器，必须保持清洁，并严格消毒，奶桶盖内要有橡皮垫并将桶盖严，以防止尘土掉入或向外洒奶。

（3）运输时要防止震荡。运输过程中若奶桶剧烈震荡，则会使羊奶中的脂肪球受重力作用而被分离，影响羊奶的均质性。因此，要给奶桶中装满羊奶并盖严，且要平稳驾驶。

218 如何检测羊奶的新鲜度?

新鲜度测定可检查羊奶的污染程度。羊奶放置时间过长，乳酸菌会大量繁殖，致使酸度升高，会影响加工成的乳制品质量。

生产上常用的新鲜度检测方法是酒精阳性反应法，虽然该法的检验灵敏度和特异性都不强，但由于检验速度快且程序简便，因此在生产中仍得到广泛使用。检验羊奶新鲜度时，用一根吸管吸取 60％酒精溶液 2 毫升，置于洁净干燥的玻璃试管中；用另一根吸管吸取待测羊奶 2 毫升，注入玻璃试管中混匀，不出现蛋白质凝固的羊奶即为新鲜奶，出现凝固现象（阳性反应）的则为不合格羊奶。

除上述测定方法之外，也可采用滴定法测定。先取一定量的羊奶，以酚酞作指示剂，再用一定浓度的碱液（通常为 0.1 摩尔/升氢氧化钠）来滴定，则所消耗的碱液毫升数即为滴定酸度。羊奶的滴定酸度一般用吉耳涅耳度表示，符号为"°T"。测定时先取 10 毫升羊奶，用 20 毫升蒸馏水稀释，加入 0.5％酚酞指示剂溶液 0.5 毫升，用 0.1 摩尔/升氢氧化钠溶液滴定，将所消耗的氢氧化钠毫升数乘以 10，即为中和 100 毫升羊奶所需的 0.1 摩尔/升氢氧化钠毫升数。消耗 1 毫升为 1°T，也称 1 度。

219 如何使用 CMT 试剂检测奶中的体细胞数？

CMT 试剂（加州乳房炎检测法）是一种加有 pH 指示剂（略带紫色）的清洁剂。当生鲜奶与 CMT 试剂等量混合后，CMT 试剂溶解或破坏细胞膜和核膜，膜的主要成分是脂肪（清洁剂可溶解脂肪）。DNA 从细胞核中松散解脱出来，缠绕或者胶化在一起形成线团状物质。随试管中奶样白细胞数量的增加，凝胶团数量也呈倍数增加，这样即可判断乳房是否受到感染而发炎。

CMT 检测所用试剂和方法是：十二烷基磺酸钠 30 克溶解于 1 000 毫升蒸馏水，用 2 摩尔/升氢氧化钠调节 pH 至 6.4，加入溴甲酚紫 0.1 克，即成 CMT 检验液。取乳房炎诊断盒 1 个，然后滴加被检乳 2 毫升、诊断液 2 毫升，缓缓作同心圆状摇摆，判断标准见表 11-1。

表 11-1　CMT 法的判定方法及标准

反应判定	被检乳	反应状态	体细胞数（10^3 个/毫升）
—	阴性	混合物呈液体状，倾斜检验盘时，流动流畅，无凝块	0～200
±	可疑	混合物呈液体状，盘底有微量沉淀物，摇动时消失	200～500
+	弱阳性	盘底出现少量黏性沉淀物，非全部形成凝胶状，摇动时沉淀物散布于盘底，有一定黏性	500～800
++	阳性	全部呈凝胶状，有一定黏性，回转时向心集中，不易散开	800～5 000
+++	强阳性	混合物大部分或全部形成明显的胶状沉淀物，黏稠，几乎完全黏附于盘底；旋转摇动时，沉淀集于中心，难以散开	>5 000

220 如何对羊奶中的微生物进行检验?

羊奶贮存过程中,微生物的大量繁殖会导致奶质变坏,因此对鲜奶进行微生物检验很有必要,实际生产中多采用细菌计数的办法进行微生物检验。

(1)乳中总细菌数的检查 利用美蓝还原试验法判定乳汁中受细菌污染的程度。美蓝褪色时间随其保存时间的延长而由长变短。羊奶在室温16.7℃下保存24小时,每毫升奶中的细菌数不超过50万个,可判定为合格奶;48小时后细菌数超过400万个,奶质则为下等。

(2)羊奶中大肠杆菌数的测定 羊奶中的大肠杆菌主要是由于鲜奶和乳头直接或间接遭受粪便污染而造成的。大肠杆菌为致病菌,收购鲜奶时要严格检查其数量。受污染的奶样,在室温条件下保存48小时,每100毫升可检出大肠杆菌250个,84小时可检出25 000个,间隔36小时细菌数增加100倍,可见其繁殖速度相当快。因此,在实际生产中,一定要防止粪便等污染鲜奶,造成大肠杆菌计数超标。

221 常见羊奶掺假现象有哪些?如何检验?

有些不法生产者为达到盈利目的,向奶中掺入其他物质以增加重量,常见现象及检验方法如下:

(1)掺水检查 在一些边远的收奶点,由于检验手段不完善,仅根据羊奶的重量或容积多少付款,以致掺水的养羊户有机可乘。羊奶掺水后比重变小,掺水越多,比重降低越多,用比重计测量即可基本杜绝掺水现象。

(2)掺碱检查 羊奶在夏季存放过程中很容易酸败,为防止羊奶因变酸而发生沉淀,一些不法生产者向羊奶中掺入少量碳酸钠或碳酸氢钠。掺碱后的羊奶味道苦涩,对细菌繁殖有利,影响人体健康。对怀疑掺碱的羊奶可用溴麝香草酚蓝法检验。

取羊奶5毫升置试管中,并保持倾斜,沿管壁小心加入溴麝香草酚蓝乙醇溶液，然后轻转试管，使其均匀混合，静置 2 分钟后观察试管中的颜色。未掺碱的羊奶为黄色，掺碱的羊奶随掺碱量的增加，逐渐由黄色变为黄绿色、深绿色、青色至深青色。

（3）掺乳房炎奶检查　乳房炎奶属异常奶，不能出售，一旦掺入正常奶中会造成更大的损失，可用专用试剂检查乳房炎奶。取试剂 4～5 毫升，加入等体积的可疑羊奶，若有乳房炎奶掺入，则在 20～30 秒之内，羊奶的颜色即变为深蓝色。

专用试剂配制：取 0.25 克联苯胺溶解于 50 毫升 96％酒精溶液中，加入 50 毫升 3％过氧化氢溶液，摇匀后再加入 1.5 毫升冰醋酸即可。

（4）掺盐检查　羊奶中掺入食盐可增加其比重，往往在加水后同时加入食盐。对怀疑掺盐的羊奶除用口尝外，还可用下列方法检查。取可疑羊奶 5 毫升置容量瓶中，适度稀释后摇匀。从容量瓶中取 10 毫升置于烧瓶中，加入 50 毫升蒸馏水，混匀，再加入 5 毫升浓硝酸、25 毫升 0.1 摩尔/升硝酸银标准液和 5 毫升硝基苯溶液，摇匀。最后加入 5 毫升硫酸铁铵指示剂（铁铵钒晶 10 克用蒸馏水 20 毫升溶解后加入 25 毫升浓硝酸，用水稀释至 100 毫升），用 0.1 摩尔/升硫氰酸铵滴定至终点。用这种方法可以定量计算出羊奶中的含盐量，但操作时应避免阳光直接照射。

（5）掺尿素检查　吸取可疑羊奶 3 毫升于试管中，加入 0.04 克/100 毫升亚硝酸钠盐酸 1.5 毫升亚硝酸钠盐酸溶液（40 毫克亚硝酸钠溶解于少量蒸馏水中，向其中加入 50 毫升盐酸，蒸馏水定容至 100 毫升，其浓度为 0.04 克/100 毫升）于试管中，摇匀，待不产生气泡后加入 0.1 克格里斯试剂（酒石酸 8.9 克、对氨基苯磺酸 1.0 克、盐酸萘乙二胺 0.1 克，在研钵内研成粉末，置于棕色瓶即可）混合。若羊奶颜色没有变化，则此为掺假尿素奶；若羊奶颜色变为紫色，则此羊奶中无尿素。

（6）掺淀粉米汤检查　取可疑羊奶 5 毫升置于试管中，加入 20％醋酸 0.5 毫升，使蛋白质凝固，收集滤液。取 1 滴滤液于玻璃片上，另取 1 滴碘液滴于滤液旁，并使液面相互接触，然后在白色背景下观察交界处的颜色变化。掺入米汤或淀粉的羊奶呈蓝色，掺入糊精类物质的羊奶呈紫红色。

上述方法可检出鲜奶中掺入少量淀粉或米汤的情况，如果掺入量多，则可直接用可疑羊奶试验，不必凝固蛋白质收集滤液。

(7) 掺蔗糖检查　掺入蔗糖的鲜奶比重增加。由于蔗糖与间苯二酸作用可生成一种红色化合物，因此可用于确定羊奶中是否含有蔗糖。取可疑羊奶 1 毫升置于试管中，加入 2 滴 10% 间苯二酸酒精溶液和 3 毫升稀盐酸（2：1）溶液，摇匀，置沸水中 1 分钟，如显红色说明有蔗糖存在。此法灵敏度高，可检出 0.2% 的蔗糖。

(8) 掺豆浆检查　豆浆中含有的皂角素与氢氧化钠（或钾）作用后可生成一种黄色化合物，这样即可检查羊奶中是否有豆浆掺入。取可疑羊奶 2 毫升置于试管中，加酒精乙醚混合液 3 毫升后，再加入 2.5% 氢氧化钠溶液 5 毫升，混合均匀，静置 5～10 分钟。如果颜色呈黄色，则说明羊奶中有豆浆掺入。

(9) 掺硫酸铵检查　对怀疑掺有硫酸铵的羊奶需分别对铵离子和硫酸根离子进行检查。在可疑羊奶中加入氢氧化钠少许，加热，用湿润的红色石蕊试纸接触产生的气体，若试纸变蓝，则证明羊奶中有铵离子存在。另取可疑羊奶若干毫升，加入等量盐酸，静置片刻，过滤收集滤液，然后向滤液中加入 10% 氯化钡溶液数滴，若产生白色沉淀，则证明羊奶中有硫酸根离子存在。

222 如何处理刚收集的新鲜山羊奶？

从奶山羊乳房中刚挤出的奶其温度一般为 37 ℃左右，最适于微生物生长繁殖。如不及时处理，微生物将大量繁殖，导致酸度升高，羊奶也会很快变质。

(1) 过滤　收集羊奶时，先将消毒好的纱布折成两层，绑在奶桶口上，然后将奶徐徐倒入奶桶。此种处理，即可滤去奶中的羊毛、泥土、皮屑、饲料、粪便等污物。

(2) 冷却　对刚挤出的新鲜羊奶及时进行冷却能够抑制奶中微

生物的繁殖，保证羊奶质量。冷却温度越低，抑制细菌繁殖的作用就越大。虽然刚挤出的鲜奶本身具有一定的杀菌能力，在一定时间内能抑制微生物的繁殖。但这种特性存在的时间长短，与鲜奶受污染的程度和奶本身的温度有关。被微生物污染的程度越低，细菌数就越少，则抗菌期就越长，否则抗菌期就越短。奶的贮存温度越低，其抗菌期就越长。在常温下贮存的羊奶，其抗菌期将缩短。羊奶出售前应保存于 5～8 ℃的冷却水槽或奶桶中，以免温度升高，使奶质变坏。冷却羊奶可采用的方法有水桶（箱）冷却法、冷排冷却法、浸没式冷却法及喷射冷却法等。

① 水桶（箱）冷却法　此法简易可行，特别适用于小规模奶山羊饲养户，能使奶温冷却到比所用水温高 3～4 ℃。方法是根据产奶量多少购买或自制一个较大的圆形或方形水桶，先向桶中放入冷水或冰水，然后将装满羊奶的容器放入水桶中。为加速羊奶冷却和使羊奶冷却均匀，应定时搅拌羊奶，并及时更换桶中的水。桶中的水量一般为被冷却奶的 4 倍，每隔 2 天可将水全部更换，并清洗奶桶。每次挤出的奶应随时冷却，不要等一天挤完后再将奶浸入桶中。

② 冷排冷却法　该法是用冷排冷却器冷却羊奶的方法。冷排冷却器构造简单，价格低廉，冷却效率高，适用于收奶点和中小型奶山羊养殖场使用。冷排冷却器是由上、下两个配槽和中间一排管子组成，冷却水自冷却器的下部向上通过冷却器的每根冷排管内部，以降低冷却器表面温度，奶从上面配槽底部细孔流出形成薄层，流经冷却器排管表面而降至较低温度，最后流到贮奶槽。

③ 浸没式冷却法　该法是用浸没式冷却器将羊奶冷却的方法。浸没式冷却器里边带有离心搅拌器，可以调节速度，并带有自动控制开关，能定时自动搅拌，不仅可使羊奶冷却均匀，而且防止稀奶油上浮。使用时可将冷却器插入水中或奶桶中进行冷却。

④ 喷射冷却法　这是一种简便而实用的临时冷却方法。可用

带孔的管子弯成一个圆圈，与自来水连接，从而达到流水冷却羊奶的目的。

223 如何对山羊奶进行消毒？

虽然低温冷却可抑制羊奶中的微生物繁殖，但在这种条件下长期贮存羊奶时，某些细菌仍能生长。因此，鲜奶在 2～5 ℃条件下的贮藏时间不应超过 3 天。山羊奶通过高温处理后，可消灭奶中的病原菌，如大肠杆菌、枯草杆菌、丁酸菌等。有些杀菌法还不会引起蛋白质变化和维生素破坏，因此鲜奶消毒既可延长保存时间，又可保证质量。

用高温将羊奶中的全部微生物杀死，称为灭菌；将大部分微生物杀死，称为杀菌。生产中采用的方法有超高温瞬时灭菌法、低温长时间杀菌法及高温短时间杀菌法等。

（1）超高温瞬时灭菌法　是指原料奶在连续流动的状态下通过热交换器被迅速加热到 135～140 ℃，保持 3～4 秒。此法是目前最先进的杀菌方法，也是比较理想的加热灭菌法。

（2）低温长时间杀菌法　即让羊奶在 60 ℃下保持 30 分钟左右，从而达到巴氏杀菌的目的。

（3）高温短时间杀菌法　用于液态奶的高温短时间杀菌工艺，首先将羊奶加热到 72～75 ℃或 82～85 ℃，保持 15～20 秒后再进行冷却。

224 怎样保存鲜羊奶？

要确保羊奶新鲜，防止其污染、变质，挤出的羊奶必须作适当的处理，特别是在炎热的夏天，外界温度较高时羊奶最容易发酵、变质。保存鲜羊奶，首先要将挤出的羊奶用 3～4 层的纱布进行过滤，除去奶中的杂物，用特制的冷却器或冷水池进行冷却、密封，以抑制羊奶中细菌的繁殖，然后将其放在冰箱或冷库中冷藏。羊奶冷却的温度愈低，保存的时间就越长。一般将羊奶冷却到 1～4 ℃时可保存 2 天，冷却到 5～8 ℃时可保存 1 天。如果把羊奶加热消毒后再冷却，则保存的时间会更长。羊奶加热消毒最好的办法是水浴法，即将盛羊奶的容器放入装水的容器中进行加热，待羊奶加热到 80～85 ℃时即可。这样羊奶不仅不易被烧糊，而且还能防止营养物质的分解和破坏。

225 羊奶为什么有膻味？有哪些脱膻方法？

自然界中，哺乳动物的奶都有其特有的味道。羊奶的膻味是羊奶固有的特点和独特风味，与羊的品种、年龄、泌乳期、产奶季节、饲料、饲养管理方式、卫生状况及公母混养等因素有关。另外，羊奶特别容易吸收外界的气味。因此，保持羊圈和挤奶场所干净卫生、无异味即可大大降低羊奶的膻味。

羊奶脱膻的方法很多，主要包括以下几种：

（1）高温脱膻　即采用蒸汽直接喷射后突然连续降温脱膻。其原理是用减压蒸发来减少羊奶中挥发性脂肪酸的含量，达到脱膻目的。方法是羊奶首先通过蒸汽消毒，然后突然连续降压，最后用真空蒸发。该脱膻方法主要用于羊奶粉加工。

（2）发酵脱膻（生物脱膻）　在羊奶中加入乳酸菌类微生物可以脱膻，如制成酸奶或干酪等发酵产品后即可去除膻味。

（3）鞣酸脱膻　煮奶时加入少许茉莉花茶即可。

（4）杏仁酸脱膻　煮奶时放入少许杏仁、橘皮、红枣，这样羊奶不仅气味芳香、顺气开胃，而且还可大补气血。

（5）脱膻剂脱膻　在奶中加入定量的脱膻剂可达到脱膻的目的。选择的脱膻剂必须是国家批准使用的、安全的食品添加剂，加入该物质后不能使乳汁凝固，不能破坏羊奶原有的营养成分，不能使羊奶产生异味，并保持原奶的天然香味。

除上述方法外，还有抽真空脱气（即闪蒸）等脱膻方法。

226 市场出售的液态羊奶产品是如何加工的？

液态羊奶，也称杀菌奶，是指以新鲜羊奶为原料，经净化、杀菌、均质装瓶或用其他容器包装后，直接供应消费者饮用的奶制品。目前市场上销售的这种羊奶产品，备受消费者青睐。液态羊奶的加工工艺流程是原料奶的验收和分级、过滤或净化、标准化（指将有关乳成分含量调整至产品所要求的标准）、均质（防止脂肪上浮而采取的机械处理）、杀菌、冷却、灌装、封盖、装箱和冷藏。

收集原料奶时必须按照要求严格检验各项指标，不符合消毒奶标准的原料奶绝对不能收购，但可加工成其他乳制品。

227 怎样制作羊奶粉？

山羊奶的主要加工产品为奶粉。目前国内外所生产的奶粉种类较多，包括全脂奶粉、脱脂奶粉、乳清粉、乳油粉、加糖奶粉、婴幼儿奶粉和各种添加剂奶粉等。山羊奶粉是将羊奶经加热处理去除其中水分、干燥而成的粉末状产品。山羊奶粉能保存较长时间，且品质不受影响，营养成分的损失也较少，同原料奶相比重量大大减轻，便于运输。

奶粉加工的工艺流程为原料奶的检验收购、原料奶的标准化、杀菌、浓缩、喷雾干燥、出粉、包装与出厂。

生产奶粉的原料奶必须新鲜、干净、无污染，酸度不应高于20°T。不能及时加工的原料奶可在4～6℃条件下保存。原料奶的成分受奶山羊品种、泌乳阶段、季节、饲料等因素的影响而不稳定，但产品质量却有一定的规格标准。因此，必须对原料奶进行标准化，使原料奶的乳脂率符合产品要求，然后才进行杀菌处理。目前国内奶粉厂多采用高温短时杀菌，温度为85℃左右，数秒钟即可。随后对杀菌后的原料奶进行浓缩处理，以提高干物质含量，大多数奶粉厂使用盘管浓缩罐进行"真空浓缩"。

喷雾干燥是奶粉加工的主要工艺过程，其原理是利用高压或高速离心的方法，将乳汁分散成雾状乳滴，增加表面积，同时送入热风；当雾滴与热风接触后其水分能在瞬间蒸发完毕，从而被干燥成球形的颗粒落入干燥器底部，水蒸气被热风带走。干燥后的奶粉应迅速从干燥室中排出并冷却，速度越快越好，否则会影响外观和品质。冷却到 28 ℃以下时即进行包装，然后库存出厂。

228 怎样制作酸羊奶？

羊奶经乳酸菌发酵而制成的产品，称为酸羊奶，其加工方法如下：

（1）准备原料奶　原料奶要求含细菌数最低，同时不含青霉素、噬菌体、清洗剂和消毒剂，初乳、乳房炎乳、掺假乳和其他异常乳不能作为原料奶。

（2）杀菌　制作酸奶的原料奶在接种前要用巴氏消毒法进行消毒。

（3）冷却与接种　杀菌后的原料奶可用自来水冷却，至 40～45 ℃时接种；家庭制作时可用酸奶作为发酵剂接种，加入量一般为原料奶的 3％～5％。接种时，必须严格控制菌种量，防止酸度过高、过低或产生其他不良风味。

（4）发酵　原料奶接种后可立即装瓶，放在容器内发酵。发酵温度为 37～42 ℃，发酵时间为 6～10 小时。低温发酵的酸奶质量好，温度过高时乳清容易析出，从而影响外观和凝块结构等。

（5）冷藏　酸奶发酵好后应迅速降温至 10～15 ℃，这样在 4 ℃下可冷藏保存 7 天。

229 怎样制作羊奶豆腐？

乳饼蛋白质含量高，营养丰富，味道鲜美，深受消费者欢迎，其加工方法为：将鲜羊奶过滤，以除去奶中的杂质，然后将奶倒入干净的容器（锅）内，加热至接近沸腾（一边加热一边搅拌，以防止把奶烧糊或用水浴法加热）；再把醋酸、乳酸或羊奶藤（一种草本植物）等凝乳剂加入羊奶中，撤火后保温数分钟，当出现像"豆花"一样的凝块时，即可置于清洁白布中包裹，用重物加压使淡黄色乳清析出。

初次制作乳饼的凝乳剂可用醋酸、乳酸代替。以后制作时可将初次挤出的乳清装在罐子里，用纱布把口盖好，存放 5～6 天后变酸即可使用。经常加工，可以连续制作发酵乳清使用。

制作乳饼时，羊奶必须新鲜，随挤随做。羊奶不可煮沸过久，特别是加入凝乳剂后，不能煮沸，以免影响乳饼的数量和质量。弃去乳清后，凝块要趁热包裹、压榨；否则温度过低，不易包裹，且成品切开后有气孔，易破碎。凝乳剂加入的数量视乳酸的酸度和鲜奶的数量而定，要灵活掌握，通常7～8千克鲜羊奶可制作1千克乳饼。

230 怎样制作羊奶干酪？

干酪是以鲜乳为原料，经过杀菌、添加发酵剂和凝乳酶使乳凝固，排出乳清，经压榨、发酵成熟而成。羊干酪营养丰富，是消费者的膳食佳品，在世界市场上一直保持很好的销售势头，销售价格高出牛奶干酪50%左右。但是我国干酪工业化大生产起步较晚，供应于市场上的干酪仍然依赖于进口，现介绍以下几种国外羊奶酪的制作工艺。

（1）蒙扎瑞拉（Mozzarella）羊奶干酪（有盐）

① 将符合发酵条件的新鲜羊奶进行巴氏杀菌，并冷却至32 ℃，加入0.1%柠檬酸和1%发酵剂（乳酸链球菌：乳油链球菌＝2：1，也可以直接加柠檬酸酸化），同时加入凝乳酶（按照酶效价添加，控制在15分钟左右时开始凝固，约40分钟凝固良好可以切块）。搅拌均匀后恒温至32 ℃，加盖静置40～45分钟，使乳凝结成凝乳块。

② 判断乳凝结良好后，将凝乳块切成1厘米^{3}的小块，静置5分钟。然后在30分钟内将凝乳缓慢升温至38～40 ℃，期间不断搅拌。温度升至40 ℃后停止加热，继续保温搅拌20分钟，使乳清析出。

③ 弃去乳清，用布袋将凝块包裹，挂淋酸化4～5小时（室温25 ℃时，乳清酸度由22°T升至45～50°T）。

④ 取出凝乳块，用刀切成条状，放入80～82 ℃热水中进行揉搓，5分钟后凝乳块便呈现出明显的筋力，且表面光滑，富有弹

性，此时可以拉伸。趁热取出，揉搓成型，然后放入冷水中冷却定型。

⑤ 用 10％食盐水浸泡过夜或 16％食盐水浸泡 3～5 小时，取出晾至表面无水分时放入 5 ℃冰箱中冷却保藏。

该产品不需要发酵成熟，可直接食用；也可用于制作色拉或夹在主食面包及饼中，烤后食用。

（2）科尔贝（Colby）羊奶干酪

① 原料乳杀菌后冷却至 32 ℃，加入 1％发酵剂（乳酸链球菌：乳油链球菌＝2：1），保温 1 小时。

② 加入凝乳酶，搅拌均匀，恒温至 32 ℃，静置约 1 小时后形成凝乳块。

③ 判断乳凝结好后，弃去乳清，加等量清水，搅拌 15 分钟，待凝乳块温度下降至 25 ℃以下，弃去水分，将凝乳块装入尼龙袋中，挂淋 20～30 分钟。

④ 取出凝乳块，将其切成小块，加入 3％食盐，拌匀后放入干酪模具内压制过夜。

⑤ 取出压制后的干酪，切成一定大小的块型，待表面晾干后（自然放置 2～3 小时）进行挂蜡处理。

⑥ 在 5 ℃条件下，需要成熟 1～2 个月。

该产品在加工时由于加入了一道清水冲洗工艺，因此减弱了羊奶特有的膻味，食用时乳香味十足，酸度又低，口感好。

（3）法国软式（Soft）羊奶干酪

① 原料乳经过巴氏杀菌后冷却至 21 ℃，加入 1％发酵剂、凝乳酶，搅拌 2 分钟使之混合均匀。容器加盖（但不要太紧），在 21 ℃室温下放置约 18 小时，使乳凝结成凝乳块。

② 将凝乳块放入尼龙布袋中，21 ℃挂淋 2 小时，排出乳清。随后移入 5 ℃左右的冷藏间内（量少时可以放进冰箱中），继续挂淋 24 小时。

③ 挂淋结束后，把凝乳连同布袋一起放入 5％食盐水中，5 ℃条件下浸泡腌制 24 小时。

④ 将凝结乳从盐水中取出，继续在冷藏间挂淋 24 小时。

⑤ 取出凝乳，分装于干酪杯中，便为即可食用的成品。

该产品食用时口感细腻，乳香味足，在冷却条件下可保存 3 周左右。

图书在版编目（CIP）数据

高效精准养奶山羊230问／罗军等编著．—北京：中国农业出版社，2019.11（2021.3重印）

（养殖致富攻略·疑难问题精解）

ISBN 978-7-109-25622-4

Ⅰ．①高… Ⅱ．①罗… Ⅲ．①奶山羊-饲养管理-问题解答 Ⅳ．①S827.9-44

中国版本图书馆CIP数据核字（2019）第126336号

中国农业出版社出版

地址：北京市朝阳区麦子店街18号楼

邮编：100125

责任编辑：周晓艳　王森鹤

版式设计：王　晨　　责任校对：赵　硕

印刷：北京通州皇家印刷厂

版次：2019年11月第1版

印次：2021年 3 月北京第2次印刷

发行：新华书店北京发行所

开本：880mm×1230mm　1/32

印张：6　插页：2

字数：175千字

定价：32.00元

彩图1　西农萨能奶山羊公羊

彩图2　西农萨能奶山羊母羊

彩图3　关中奶山羊母羊

彩图4　崂山奶山羊母羊

彩图5　文登奶山羊母羊

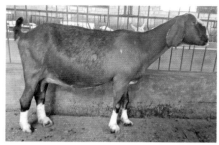

彩图6　努比亚奶山羊母羊

彩图7　阿尔卑斯奶山羊母羊

彩图8　吐根堡奶山羊母羊

彩图9　西农萨能羊原种场

彩图10　陕西省莎能奶山羊良种
　　　　繁育中心

彩图11 陕西乾首奶山羊
育种有限责任公
司——双层养羊

彩图12 奶山羊转盘式挤奶机

彩图13 红星美羚股份

彩图14 昆明龙腾生物乳业有限公司

彩图15 羊奶粉

彩图16　羊酸奶

彩图17　纯羊奶

彩图18　乳　饼

彩图19　泰安意美特机械有限公司

彩图20　TMR混合搅拌机